工业机器人技术专业"十三五"规划教材

U0174755

EASY-ROB 机器人离线编程项目教程

主　　编　朱国云　王　丽

副主编　艾万朋　李　熊　徐坤刚　王洪霞

参　　编　朱　冲　杨　明　苏立军　刘梦薇　罗　明

主　　审　韩鸿鸾

机械工业出版社

本书以德国 EASY-ROB 离线编程软件为载体，详细介绍了离线编程的特点和应用，典型工作单元的创建与编程的相关基础知识和操作技能。本书主要内容包括：离线编程基础知识，轨迹运动离线编程，搬运工作单元离线编程，焊接工作单元离线编程，喷涂工作单元离线编程和机器人文件的创建与编程。

本书可供职业院校机器人应用技术和工业机器人应用与维护专业的师生使用。

图书在版编目（CIP）数据

EASY-ROB 机器人离线编程项目教程/朱国云，王丽主编. —北京：机械工业出版社，2020.3
工业机器人技术专业"十三五"规划教材
ISBN 978 – 7 – 111 – 64484 – 2

Ⅰ. ①E⋯ Ⅱ. ①朱⋯②王⋯ Ⅲ. ①工业机器人 – 程序设计 – 高等学校 – 教材 Ⅳ. ①TP242. 2

中国版本图书馆 CIP 数据核字（2020）第 006005 号

机械工业出版社（北京市百万庄大街 22 号 邮政编码 100037）
策划编辑：张雁茹   责任编辑：张雁茹
责任校对：李锦莉 刘丽华 封面设计：陈 沛
责任印制：李 昂
北京京丰印刷厂印刷
2020 年 1 月第 1 版·第 1 次印刷
184mm×260mm·13 印张·321 千字
标准书号：ISBN 978 – 7 – 111 – 64484 – 2
定价：39. 80 元

电话服务   网络服务
客服电话：010-88361066   机 工 官 网：www.cmpbook.com
          010-88379833   机 工 官 博：weibo. com/cmp1952
          010-68326294   金 书 网：www. golden-book. com
封底无防伪标均为盗版   机工教育服务网：www. cmpedu. com

序

工业4.0时代的到来，引发了一场影响人类社会发展的第四次工业革命。智能化生产是人类生产过程中的又一次革命性浪潮，进入实时化生产、个性化生产、无人化生产，以及由机器直接参与设计、加工、控制和质量管理的生产全生命周期，即把"机器变成人"。

近年来，新一轮科技革命和产业变革与中国加快转变经济发展方式形成历史性交汇，国际产业分工的格局正在重塑。中国政府正在实施制造强国战略，大力部署和推动机器人产业的发展。目前，中国已有八百多家机器人本体生产厂家，各地纷纷成立机器人协会、机器人产业园、机器人小镇等，并围绕机器人产业发展举办了一系列论坛。中国机器人的总产量已居世界第一，仅2018年，中国机器人生产近3万台，并有大量的企业秉持"智能制造""产业升级""机器换人"理念，引进和购置了大量的机器人。中国已形成了巨大的机器人产业应用市场。但我们也必须清楚地看到，中国在发展机器人产业的过程中，实际应用还很不理想。其主要存在两大"瓶颈"，即机器人专业技术人才的培养没有跟上，机器人离线编程仿真软件在机器人产业应用中没有得到重视。在一定程度上，这两大"瓶颈"又是阻碍中国机器人产业发展的同一个问题，也就是对作为机器人"大脑"和"神经"的离线编程仿真软件的开发应用和人才培养不够重视。

目前，中国在机器人专业教育领域和企业专业人员培训中，普遍采用面向机器人本体的示教编程。然而，这一方式在机器人的实际应用中，存在一些问题：

1）示教器的编程过程过于烦琐，只能在一台固定机位和示教器上编程和操作，效率低。

2）精度和碰撞测试等只能靠示教者目测确定，对于复杂路径的示教，特别是多机器人协同工作的示教，在线编程几乎无法实现。

3）机器人采用在线示教器编程，对参与的示教者来说还具有一定的危险。

而与之相比，机器人离线仿真编程有很大的优势：

1）利用离线仿真软件中庞大的机器人资源库，可对各种机器人进行工艺测试和优化，并可选择各类后置处理器，将后置处理后的程序导入对应的机器人控制器中进行调试和优化。

2）离线仿真软件包含多种工艺包，如焊接、搬运、喷涂、轻型加工等，并且提供了多种多样的外围设备，以便于示教和培训者搭建智能制造项目模型，实现机器人工艺过程编程。

3）利用离线仿真软件的特点，如完整的数学方法库、运动学方法库，以及动漫技术、3D VR技术的应用等，使示教者和培训者能直观、轻松地学习机器人工作单元编程调试，搭建多轴机器人等，很容易掌握机器人专业知识点，并可将其仿真编程过程和结果以3D PDF可互动格式的课件形式导出，以提供进一步过程分析，作为教学培训案例等。这一点在多机器人协同编程中显得尤为重要。

本书主编朱国云老师，是深圳第二高级技工学校机器人专业教师。多年来，他和他的团队在机器人专业教学实践中,采用"理—虚—实"一体化的教学模式,引进德国 EASY-ROB 机器人离线编程仿真软件进行教学,并利用这款软件提供的开放式接口、API 以及庞大的企业机器人应用工业包和德国院校教学案例等,结合中国机器人专业教学特点,做了大量基于工作过程为导向的实践教学和二次开发项目,总结了适合中国机器人离线编程仿真软件教学的经验,并应邀在国内各地与业界专家、院校同行交流和培训讲课。2016 年,朱国云老师作为中国机器人教学应用优秀专家,应邀到德国参加 EASY-ROB 机器人离线编程仿真软件教学研修,并与德国专家交流和学习,得到很大提升。朱国云老师和他的团队,希望能将他们在机器人教学中利用德国 EASY-ROB 机器人离线编程仿真软件教学的实践、体会和经验总结出来,编辑成书,与国内院校机器人专业教师和企业专业技术人员交流分享,共同促进中国在机器人专业教学、培训、应用过程中的实践、创新、改革和发展。

我本人作为德国 China Window 国际智库的首席研究员,多年来从事德国职业教育和应用技术大学教育的优质资源引进工作,关注和参与中国在智能制造、人工智能、工业机器人方面的人才培养工作。在接到朱国云老师邀请为此书写序时,我感到十分荣幸。前不久,我应邀参加 2019 中国第六届机器人峰会时深深地感到,中国机器人产业的发展,必须要突破"专业人才培养"和"机器人离线编程仿真软件应用"这两大瓶颈。本书的出版发行,也正是为突破这两大瓶颈"抛砖引玉"。我深信,本书的出版发行和广泛使用,将有利于国内院校在智能制造和机器人专业领域的交流和合作,对进一步推动中国在机器人领域的研发、应用以及提高专业人才培养质量起到积极的促进作用。

德国柏林工业大学计算机科学博士

中德职业教育研究院副院长

德国 China Window 国际智库首席研究员

深圳应用技术大学特聘教授

2019 年 7 月 1 日于德国法兰克福

前　言

　　工业机器人作为先进制造业的重要支撑装备，其应用领域正从汽车、电子、食品包装等传统领域向新能源、高端装备、仓储物流等新型领域加快转变。大力发展工业机器人产业，对于打造我国制造业新优势，推动工业转型升级，加快制造强国建设，改善人民生活水平具有深远意义。然而，现阶段我国工业机器人领域缺乏工业机器人技术专业人才。为此，机械工业出版社组织相关院校、企业及行业有关专家共同编写了"工业机器人技术专业'十三五'规划教材"系列丛书，本书是该系列丛书之一。

　　本书是基于德国机器人离线编程软件 EASY-ROB 编写的，旨在帮助高职高专、中职中专及技工院校机器人相关专业和机电一体化专业的学生快速掌握工业机器人的基础知识、运动学原理、轨迹编程方法、工作单元的创建、目标点示教、程序编写、后置处理及机器人文件创建等知识。目前，EASY-ROB 机器人离线编程软件只有说明书和相关的文档资料。为了使广大工业机器人学习人员能快速掌握其基本知识和操作技能，我们编写了本书。

　　本书内容由浅入深，通过图解形式介绍了 EASY-ROB 工作单元的创建、目标点示教、程序编写、工作单元调试运行及机器人程序的后置处理，并将编程技巧贯穿其中。书中包含多个工业机器人典型应用实例，均按生产实际创建工作单元、编写程序、调试系统，具有很强的实用性和适用性。

　　本书由朱国云、王丽任主编，艾万朋、李熊、徐坤刚、王洪霞任副主编，朱冲、杨明、苏立军、刘梦薇、罗明参与了部分内容的编写。韩鸿鸾对本书内容进行了审核，提出了宝贵意见和建议，在此表示感谢。

　　由于编者水平有限，书中难免存在一些不足之处，恳请广大读者批评指正。

编　者

目　　录

项目一 认识离线编程

任务一 认识常见的离线编程软件

 学习目标

☆ 了解工业机器人程序编制的语言系统。
☆ 了解工业机器人离线编程常用软件。
☆ 了解 EASY-ROB 软件的特点。
☆ 学会 EASY-ROB 软件的安装方法。
☆ 认识 EASY-ROB 集成系统开发环境。
☆ 掌握 EASY-ROB 的基本概念。

 **任务描述**

学习工业机器人程序编制的语言系统、工业机器人离线编程常用软件、EASY-ROB 软件的特点、EASY-ROB 集成开发环境以及 EASY-ROB 的基本概念等，并在此基础上完成 EASY-ROB 软件的安装。

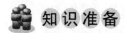 **建议学时**

4 学时。

知识准备

一、工业机器人程序编制的语言系统

随着机器人的发展，机器人语言也得到了发展和完善。机器人语言已成为机器人技术的一个重要部分。早期的机器人采用固定程序或示教方式来控制机器人的运动。随着机器人作业动作的多样化和作业环境的复杂化，逐渐发展出了能适应作业和环境随时变化的机器人编程语言。

自机器人出现以来，美国、日本等国家同时开始进行机器人语言的研究。美国斯坦福大学于 1973 年研制出世界上第一种机器人语言——WAVE。WAVE 是一种机器人动作语言，即语言功能以描述机器人的动作为主。

在 WAVE 语言的基础上，1974 年，斯坦福大学人工智能实验室又开发出一种新的语言——AL。这种语言与高级计算机语言 ALGOL 结构相似，是一种编译形式的语言，用户编写好的机器人语言源程序经编译器编译后对机器人进行任务分配和作业命令控制。AL 语言不仅能描述动作，而且可以记忆作业环境和该环境内物体与物体之间的相对位置，可以实现多

台机器人的协调控制。

1975 年，美国 IBM 公司研制出 ML 语言，主要用于机器人的装配作业。随后该公司又研制出另一种语言——AUTOPASS。这是一种可以对几何模型类装配任务进行半自动编程的机器人语言。

美国 Unimation 公司于 1979 年推出了 VAL 语言。它是在 BASIC 语言基础上扩展的一种机器人语言，具有 BASIC 的内核与结构，编程简单，语句简练。1984 年，美国 Unimation 公司又推出了在 VAL 基础上改进的机器人语言——VAL Ⅱ。VAL Ⅱ 语言增加了对传感器信息的读取，因此可以利用传感器信息进行运动控制。

20 世纪 80 年代初，美国 Automatix 公司开发出了 RAIL 语言。该语言可以利用传感器的信息进行零件作业检测。同时，麦道公司研制出了 MCL 语言，特别适用于由数控机床、机器人等组成的柔性加工单元的编程。

随着机器人功能的不断拓展，机器人语言也层出不穷。由于机器人语言多是针对某种类型的具体机器人而开发的，因此它的通用性比较差。机器人语言按照其作业描述水平的程度可分为动作级编程语言、对象级编程语言和任务级编程语言 3 类。

1. 动作级编程语言

动作级编程语言是最低一级的机器人语言。它以机器人的运动描述为主，通常一条指令对应机器人的一个动作，表示机器人从一个位姿运动到另一个位姿。动作级编程语言的优点是比较简单，编程容易。其缺点是功能有限。典型的动作级编程语言为 VAL 语言。

2. 对象级编程语言

所谓对象即作业及作业物体本身。对象级编程语言是比动作级编程语言高一级的编程语言，它不需要描述机器人手爪的运动，只需由编程人员用程序的形式给出作业本身顺序过程的描述和环境模型的描述，即描述操作物与操作物之间的关系。通过编译程序，机器人即能知道如何动作。这类语言典型的例子有 AML 及 AUTOPASS 等语言。

3. 任务级编程语言

任务级编程语言是最理想的机器人语言，相对前两类编程语言，它是更高级的机器人语言。这类语言不需要用机器人的动作来描述作业任务，也不需要描述机器人对象的中间状态过程，只需要按照某种规则描述机器人对象的初始状态和最终目标状态，机器人语言系统即可利用已有的环境信息和知识库、数据库等自动进行推理、计算，从而自动生成机器人详细的动作、顺序和数据。任务级编程语言的结构复杂，需要人工智能的理论基础和大型知识库、数据库的支持，目前还不完善，是一种理想状态下的语言，有待进一步的研究。但可以想象，随着人工智能技术及数据库技术的不断发展，任务级编程语言必将取代其他语言而成为机器人语言的主流，使机器人的编程应用变得十分简单。

二、工业机器人离线编程常用软件

工业机器人编程一般分为在线编程和离线编程两类。在线编程包括示教器在线编程和计算机软件在线编程。在线编程的优点是直观方便，缺点是占用机器人的工作时间，也就是在进行在线编程时，机器人是无法正常进行其他工作的。因此离线编程便应运而生，离线编程软件也随之出现。

离线编程具有以下优点：

1）降低机器人编程和企业运营成本。

2）在产品变化时，可及时地通过离线编程调整。

3）在虚拟环境下，机器人各部件及导轨能很清晰透明地表现。

4）通过仿真模拟可对程序的正确性进行检验。

常用离线编程软件，按通用离线编程与专用离线编程分为以下两大阵营：

➢　通用：RobotArt、RobotMaster、RobotCAD、DELMIA、EASY-ROB。

➢　专用：RobotStudio、RoboGuide、KUKASim。

下面简单介绍常用的几款离线编程软件。

1. Robot Art（中国）

Robot Art 是北京华航唯实公司研发的一款离线编程软件，是我国首款商业化离线编程软件。其提供的一站式解决方案可完成轨迹规划、轨迹生成、仿真模拟、后置处理等过程，使用简单，学习起来比较容易上手。

（1）优点

1）支持多种工艺包，如切割、焊接、喷涂、去毛刺、轻型加工。

2）支持将整个工作站仿真动画发布到网页、手机端。

（2）缺点　软件不支持对整个生产线进行仿真，另外也不支持国外小品牌机器人。

2. Robot Master（加拿大）

Robotmaster 是目前顶尖的离线编程软件，几乎支持市场上绝大多数机器人品牌，如 KUKA、ABB、Fanuc、Motoman、Staubli、COMAU、Mitsubishi、DENSO、Panasonic 等。

（1）优点　可以按照产品数模生成程序，适用于切割、铣削、焊接、喷涂等领域，具有独家的优化功能。其运动学规划和碰撞检测也非常精确，支持外部轴（直线系统、旋转系统），并支持复合外部轴组合系统。

（2）缺点　暂时不支持多台机器人同时模拟仿真（只能做单个工作站），其基于MasterCAM 做的二次开发价格昂贵。

3. Robot Works（以色列）

RobotWorks 是与 Robot Master 类似的离线编程仿真软件，是基于 SolidWorks 做的二次开发。

（1）优点　生成轨迹方式多样，支持多种机器人，支持外部轴。

（2）缺点　Robot Works 基于 SolidWorks，由于 SolidWorks 本身不带 CAM 功能，导致编程烦琐，机器人运动学规划策略智能化程度较低。

4. ROBCAD（德国）

ROBCAD 是西门子旗下的软件，较庞大，支持离线点焊、多台机器人仿真和非机器人运动机构仿真，节拍仿真精确。

（1）优点

1）可与主流的 CAD 软件（如 NX、CATIA、IDEAS）无缝集成。

2）可实现工具工装、机器人和操作者的三维可视化。

（2）缺点　价格昂贵，离线功能较弱，人机界面不友好，而且已经不再更新。

5. DELMIA（法国）

DELMIA 是达索旗下的 CAM 软件，广泛应用于汽车行业。DELMIA 有 6 大模块，其中 Robotics 解决方案涵盖汽车领域的发动机、总装和白车身（Body-in-White），航空领域的机身装配、维修维护以及一般制造业的制造工艺。

（1）优点

1）可以从可搜索的含有 400 种以上机器人的资源目录中，下载机器人和其他的工具资源。

2）可以加入工作单元中工艺所需的资源进一步细化布局。

（2）缺点　DELMIA 属于专家型软件，操作难度高，功能虽然十分强大，但是价格十分昂贵。

6. RobotStudio（瑞士）

RobotStudio 是 ABB 公司配套的软件，是机器人本体厂商中软件做得最好的一款。RobotStudio 支持使用图形化编程、编辑和调试机器人系统来创建机器人的运行，并模拟优化现有的机器人程序。

（1）优点

1）提供一种用于验证程序结构与逻辑的理想工具——事件表。程序执行期间，可通过该工具直接观察工作单元的 I/O 状态。可将 I/O 连接到仿真事件，实现工位内机器人及所有设备的仿真。该功能是一种十分理想的调试工具。

2）可以根据用户具体需求开发功能强大的外接插件、宏或定制用户界面。

3）整个机器人程序无须任何转换便可直接下载到实际机器人系统。

（2）缺点　只支持 ABB 品牌机器人，与其他品牌机器人的兼容性较差。

三、EASY-ROB 离线编程简介

EASY-ROB 是德国的一款经过近 20 年研发和应用的机器人离线编程软件。目前，在德国工业界、科研单位及学校得到了广泛应用。许多国家也将 EASY-ROB 软件库中提供的各种功能模块，以嵌入式和 OEM 的方式二次开发专用领域的机器人应用软件。在教育和培训领域中，EASY-ROB 软件提供了一整套关于机器人基础理论和应用的教学方法，包含大量的机器人在各种典型应用领域的模块和案例，以及一种非常简单易学的机器人控制编程语言。EASY-ROB 还提供了与数控机床 CNC 系统和 CAD 软件的结合方法。特别值得注意的是，EASY-ROB 研发的后置处理器能对目前世界上绝大多数的主流机器人产品进行编程。也就是说，EASY-ROB 离线编程软件不依赖于某种机器人本体，而且经过它仿真模拟的程序，适合任何机器人应用。

EASY-ROB 软件具有以下特点：

1）用 EASY-ROB 在 PC 上对机器人运动轨迹的模拟，可以对可达性、姿态奇异点、轴超限等进行检查、预测碰撞、计算工作节拍等，从而提高工艺的精准性、优化编程，并保障系统运行安全。

2）EASY-ROB 用途广泛，可以应用在以下场景：

①EASY-ROB 支持机器人单元规划布局。

②检查机器人的运动可达性、碰撞和工作范围。

③计算和评估。

④离线编程。

⑤支持机器人本体销售。

⑥用于机器人专业培训和教育。

⑦项目可行性研究。

⑧个性化产品定制，通过 API（应用程序接口）嵌入新的算法和解决方案。

3）不依赖于某个机器人制造商和机器人本体。对任何一种机器人本体或硬件（如 ABB、KUKA 或 FANUC 等），超过 1000 多种机器人模型，EASY-ROB 能提供一套完整的解决方案。它简单易学，可进行低成本培训，可以根据不同用户目的，对机器人的运动轨迹进行学习和比较。国产机器人也可以很容易地在 EASY-ROB 系统中集成和模拟。

4）中文界面，目前已有中文系统和界面。

5）不局限于某种机器人应用领域。EASY-ROB 软件的设计思想是不局限于某个机器人应用领域，它适用于目前机器人应用的所有领域。

6）离线系统构架 EROSA。各院校可根据自己的课程设计，利用系统提供的开放式接口，自己编写软件嵌入，如嵌入基于工业 4.0 的 VR 模块等。

7）EASY-ROB 产品系列有以下 5 种版本：

①EASY-ROB Single-Robot Version（单机器人版）是入门级版本，为进行更加复杂专业的虚拟编程打下基础。

②EASY-ROB Multi-Robot Version（多机器人版）对于机器人个数和程序工作单元的数目都不限。

③EASY-ROB Viewer Version（浏览演示版）用于演示和推广。

④EASY-ROB DLL Version OEM Version（DLL 版属于 OEM 版）主要用于应用程序模块嵌入（API）。

⑤EASY-ROB Robotics Simulation Kernel OEM Version（机器人仿真内核属于 OEM 版）主要用于应用程序模块嵌入（API）。

四、EASY-ROB 集成开发环境

1. 界面介绍

EASY-ROB 集成开发环境的界面如图 1-1 所示。

（1）菜单栏

1）文件（File）菜单包含文件的加载、保存、卸载和编辑等命令，如图 1-2 所示。

2）机器人（Robotics）菜单包含当前机器人的工具数据、外部 TCP 数据、基准位置、属性、程序、机器人运动学、动力学等命令，如图 1-3 所示。

3）仿真（Simulation）菜单包含仿真设置、重设初始状态、保存初始状态、碰撞检测、动力学等命令，如图 1-4 所示。

4）3D-CAD 菜单包含创建或导入 3D CAD 本体命令，改变当前本体的尺寸、颜色、属性等命令，如图 1-5 所示。

①菜单栏

②工具栏

③工作域

④机器人

⑤CAD模型

⑥坐标系方向

⑦状态行

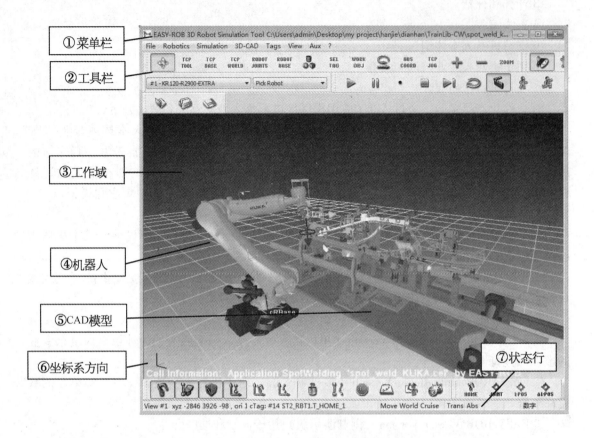

图 1-1　EASY-ROB 集成开发环境的界面

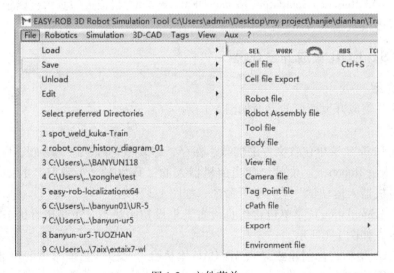

图 1-2　文件菜单

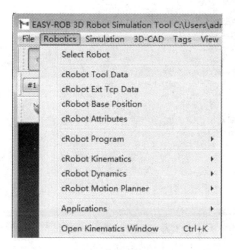

图1-3　机器人菜单

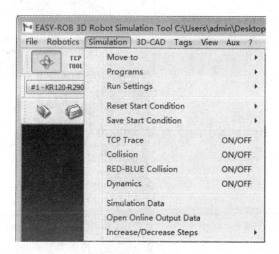

图1-4　仿真菜单

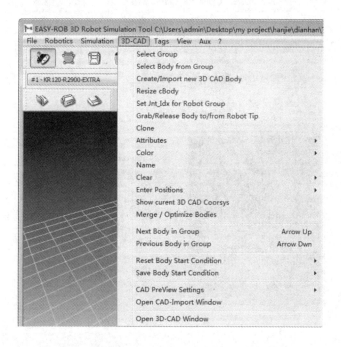

图1-5　3D-CAD菜单

　　5）标签（Tags）菜单包含选择路径、新建路径、新建目标点、修改当前标签点的位置等命令，如图1-6所示。

　　6）视图（View）菜单包含设置3D视图、渲染设置、地板、TCP轨迹、照相机等显示设置命令，如图1-7所示。

　　7）插件（Aux）菜单如图1-8所示。

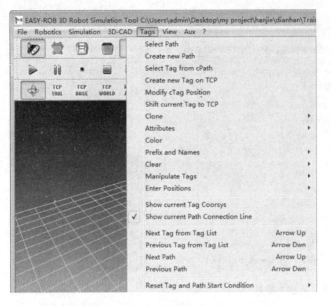

图 1-6 标签菜单

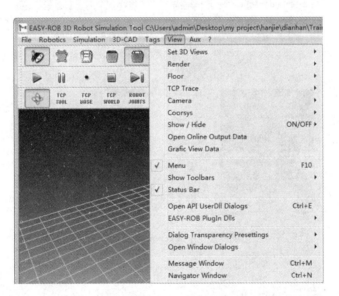

图 1-7 视图菜单

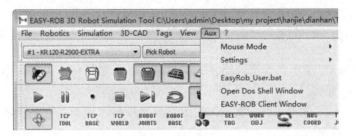

图 1-8 插件菜单

（2）工具栏　工具栏包括鼠标操作工具栏、切换工具栏、仿真模拟控制工具栏、机器人选择工具栏、3D 渲染视图工具栏、3D CAD 工具栏、机器人运动工具栏、调用和存储工具栏等，如图 1-9 所示。

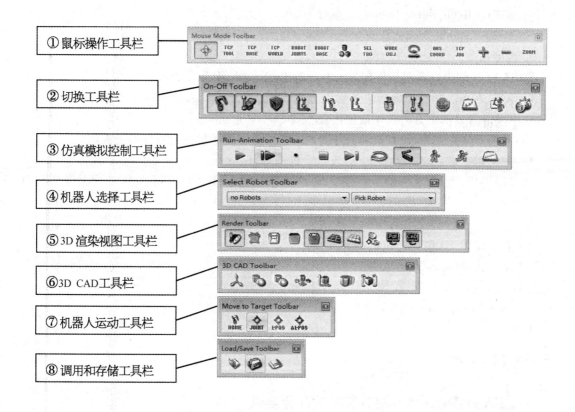

① 鼠标操作工具栏

② 切换工具栏

③ 仿真模拟控制工具栏

④ 机器人选择工具栏

⑤ 3D 渲染视图工具栏

⑥ 3D CAD 工具栏

⑦ 机器人运动工具栏

⑧ 调用和存储工具栏

图 1-9　常见工具栏

五、EASY-ROB 基本知识

1. EASY-ROB 的基本概念

1）Tag Points：目标点（标签点），包含机器人的目标坐标、方向和位置。

2）Cell：单元，包括机器人、目标点、工具、坐标系和工件。

3）Attributes：属性，ERPL 程序目标点的属性，如运动指令 LIN、PTP 或速度等。

4）Path：路径，包括机器人或设备属性的目标点。

5）Device：设备，低于 4 轴（1 ~ 3 轴）的简单的运动设备，文件扩展名为 rob，如定位器、变位机、传送带等。

6）Robot：机器人，4 轴及 4 轴以上的设备，能完成相对复杂的运动，文件扩展名为 rob。

2. EASY-ROB 中的缩写

1）"c" 作为前缀，如 cRobot、cCell，表示当前正在使用的设备，包括机器人、工作单元及设备。

2）"Lib"，如 Robot-Lib，Lib 是英文 Library 的缩写，表示"库"，工作单元和机器人等都在库中管理和调用。

3）LMB（Left Mouse Button）：鼠标左键。

4）RMB（Right Mouse Button）：鼠标右键。

5）MMB（Middle Mouse Button）：鼠标中间键、鼠标滚轮。

3. 坐标系

EASY-ROB 的坐标系包括世界坐标系、基坐标系、TCP 坐标系等。

1）XYZ 右手法则：拇指指向 X 轴正方向，用红色表示；食指指向 Y 轴正方向，用绿色表示，中指指向 Z 轴正方向，用蓝色代表。

2）右手拇指方向为 X/Y/Z 轴正方向，四指方向即为该轴旋转方向的正方向。

4. 程序注释

感叹号"!"在 EASY-ROB 系统文件或程序中表示注释行，可以在它后面做任何注释。

如：

! EASY-ROB 3D Robot Simulation Tool

! EXE - Simulation Version x64

! Localization file

!" easy-rob-localizationx64. ini"

! Make sure that the localization Dlls exist

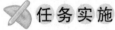 任务实施

一、EASY-ROB 软件对计算机的配置要求

1）CPU 为 Intel i5 或者同等功能的处理器。

2）内存为 4GB。

3）硬盘可用空间不少于 4GB。

4）显卡驱动（最新一代）集成了 HD440 或同等功能的显卡。

5）图形显示器的分辨率至少为 1280×1024。

6）三键鼠标（左、中、右键）。

7）Windows 7，64 位操作系统。Windows 7 以上版本只支持 64 位的机器人系统。

二、软件安装过程

（1）安装前的准备工作　建议先退出所有杀毒软件，再收集计算机硬件信息，生成密钥。

1）以计算机管理员的身份运行计算机硬件码程序 er-HwNr. exe，出现图 1-10 ~ 图 1-12 所示的窗口。

Easy_Rob_LicenseManager	
Easy_Rob_Viewerx64	
Easy_Rob_x64	
EASY-ROB V7.0 for SZST	Anleitung zur Lizenzschlüssel-Generie...
EasyRobwx64CHS-170222	er_HwNr
er_HwNr	er_HwNr
Manual	Installation Guide to generate your Li...
Product Info	Readme
ProjectLib	
SystemDlls	
TeamViewer	
WibuKey	

图 1-10　找到计算机硬件码程序文件夹　　　　　　图 1-11　找到 er-HwNr. exe

EASY-ROB Hardware Number

Hardware Number	x86::32387481　x64::30880249	About
Company*		Save
Name*		
Phone number*		
Email address*		
Order Number	if available	
WibuKey ID	if available	

Press 'Save' to store 'Hardware Number' Information

图 1-12　【EASY-ROB Hardware Number】对话框

2）填写信息并保存，生成图 1-13 所示的文件，文件内容如图 1-14 所示。

xxxxxx-gongye2-HardwareNumber	2016/12/14 15:01	DAT 文件	2 KB

图 1-13　生成的文件

3）把该文件发给 EASY-ROB，厂家会给一个密钥，其内容如图 1-15 所示。

注意：计算机硬件码不但与计算机硬件信息相关，而且与计算机操作系统也相关，请不要更改计算机操作系统。

（2）DEMO 版的安装　EASY-ROB DEMO 版支持机器人加载、工作单元加载运行等操作，但不能进行工作单元的搭建、编程和调试。

在安装文件目录下找到 DEMO 版安装应用程序并双击打开，安装过程如图 1-16～图 1-20 所示。

```
!---------------------------------------------
! V7.004
! 2016/12/14-15:01:33 File 'xxxxxx-gongye2-HardwareNumber.dat'
!---------------------------------------------
!
Company            xxxxxx
Name               gongye2
Phone              0755-29106604
Email              44632942@qq.com
!
OrderNumber        ifavailable
WibuKey-ID         ifavailable
!
HardwareNumber     27321529
!
Hostname           ADMIN-PC
!
!---- OS ------------------------------
!
! Version          6.1 (7601) Service Pack 1, 2 64-bit (4)
!                  97390007041216102 1
!
!---- OpenGL Settings ---------------------
!
! OpenGL Version   4.3.0 - Build 10.18.14.4414
! OpenGL Renderer  Intel(R) HD Graphics 4400
! OpenGL Vendor    Intel
! GLU Version      1.2.2.0 Microsoft Corporation
! GLU Extensions   GL_EXT_bgra
!
```

图 1-14　文件内容

```
! Remarks:
! - Change "server" and "port"
! - "server"    can be the hostname (e.g. MyHostPC4711) or an IP address (e.g. 192.168.0.129)
! - "port"      must be an available port number
! - Check fire wall setting, if the connection between the EASY-ROB client and the EASY-ROB LicenseManager cannot be estab
!~~~~~~~~~~~~~~~~~~~~~~~~~~~~~~~~~~
! HardwareNumber: 32455809, 27321529, 28729600
!
!---------- V7.0 ----------
EASY-ROB-LMNGR V7.0 DE161215 CW-SSSTS-55809 ID-4323430130 hw_no:32455809 exp.date:2020-02-01 50 server port
!
EASY-ROBx64 V7.0 DE161215 CW-SSSTS-55809 ID-4631660339 hw_no:32455809 exp.date:2020-02-01 1111111100000001011101110000011
!
EASY-ROBx64 V7.0 DE161215 CW-SSSTS-21529 ID-4562150544 hw_no:27321529 exp.date:2020-02-01 1111111100000001011101110000011
!
EASY-ROBx64 V7.0 DE161215 CW-SSSTS-29600 ID-4405200543 hw_no:28729600 exp.date:2020-02-01 1111111100000001011101110001011
!
!---------------------------------------------
!
! EASY-ROB Software GmbH
! Hauptstr. 42, 65719 Hofheim am Taunus, GERMANY
! Tel: +49 6192 921 70 77
! Fax: +49 6192 921 70 66
! Email: sales@easy-rob.com
! Web:  www.easy-rob.com
```

图 1-15　密钥

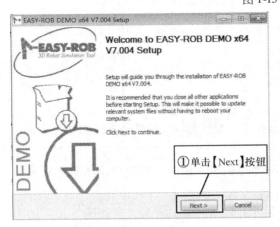

图 1-16　安装过程（一）

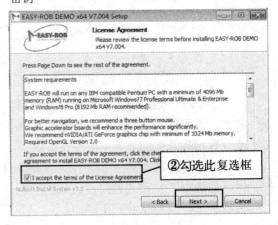

图 1-17　安装过程（二）

图 1-18 安装过程（三）

图 1-19 安装过程（四）

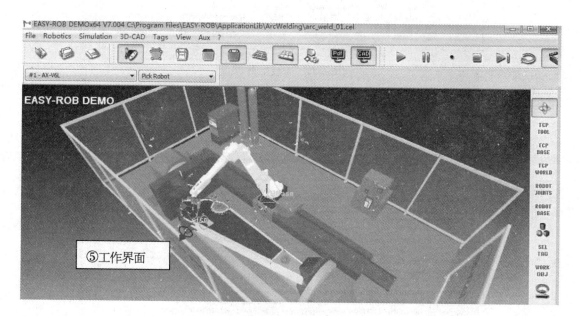

图 1-20 工作界面

（3）单机版的安装 方法一：注册安装到系统盘。

1）把目录 EASY_ROB 复制到计算机安装目录下，如 C 盘。

2）把有效期内的授权文件 license. dat 下载到本地，替换在目录（如 C：\EASY_ROB）下已经存在的 license. dat。

3）复制之后，在目录（如 C：\EASY_ROB）下已经有了可执行文件 EASY-ROB Setup x64. exe，双击进行安装，弹出如图 1-21 所示的窗口，单击【Next】按钮。

4）在弹出的窗口中勾选【I accept the terms of the License Agreement】复选框，单击【Next】按钮，如图 1-22 所示。

图 1-21　安装首页

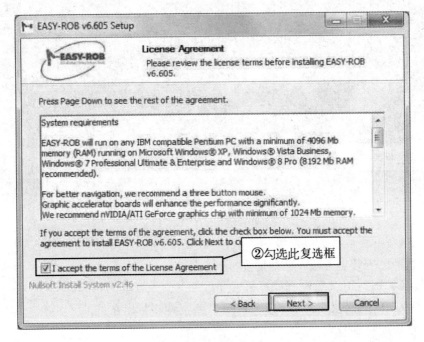

图 1-22　安装许可

5）选择安装内容，单击【Next】按钮，如图 1-23 所示。

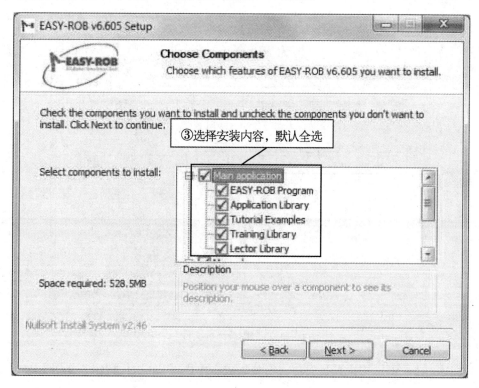

图 1-23　选择安装内容

6）选择安装路径，如图 1-24 所示。

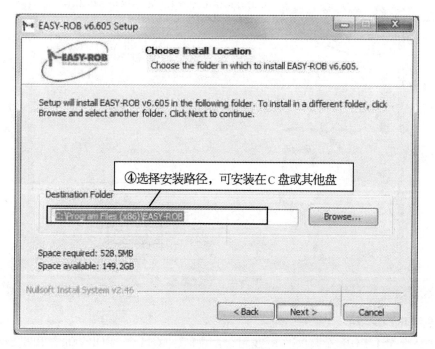

图 1-24　选择安装路径

7）找到 license. dat 文件，如图 1-25 所示。

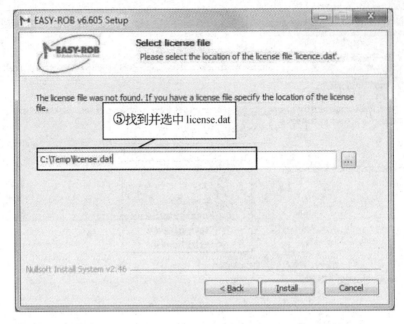

图 1-25　选择许可文件

8）单击【Install】按钮进行安装。安装完成后单击【Finish】按钮，如图 1-26 所示。

图 1-26　安装完成

方法二：单机版免安装。

1）更新 license. dat。

2）进入 EASY-ROB 安装文件所在目录（如 C：\EASY_ROB\Easy_Rob_x64），双击 Easyrobwx64. exe，打开软件。

（4）服务器端计算机上的操作

1）打开 EASY-ROB LicenseManager 管理器目录，如图 1-27 所示。

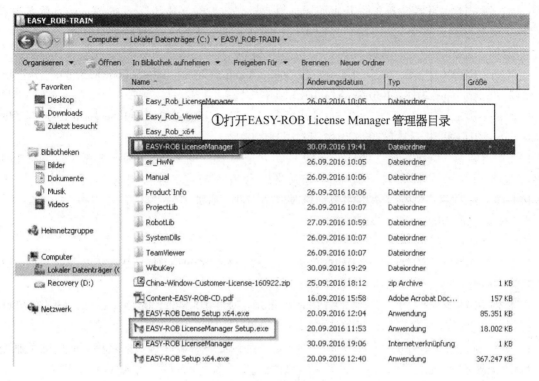

图 1-27　打开管理器目录

2）双击 exe 文件后进行安装，出现图 1-28 所示的界面，单击【Weiter】按钮。

图 1-28　安装首页

3）把目录 C：\EASY_ROB-TRAIN\Easy_Rob_LicenseManager 或者 C：\EASY_ROB \EASY-ROB LicenseManager 下的文件 license. dat 更改为新的 license. dat。

4）用文本编辑器打开文件 license. dat，根据已安装 Easy-Rob License Manager 服务器端计算机的名称修改这个文件，端口号码可以任意选择四位数字，修改后及时保存。

例如，修改后的文件信息如下：

EASY-ROB-LMNGR V7. 0 DE160929 ChinaWindow-47099 ID-4565636123 hw _ no：13-13247099 exp. date：2018-09-30 20 XIAOHELI-HP 2188

EASY-ROBx64 V7. 0 DE160929 ChinaWindow-47099 ID-5451100319 hw _ no：13-13247099 exp. date：2018-09-30 11111110000000101110111000011

5）更新客户端计算机上的 license 文件，先把 U 盘上的 EASY_ROB 安装文件包复制到客户端计算机 C 盘根目录下，可选择安装或绿色免安装，用文本编辑器打开文件 license. dat，根据服务器端计算机的名称修改这个文件，例如：

! HardwareNumber：13-13247099

! ---------- V7. 0 ----------

EASY-ROB-LMNGR V7. 0 DE160929 ChinaWindow-47099 ID-4565636123 hw _ no：13-13247099 exp. date：2018-09-30 20 XIAOHELI-HP 2188

EASY-ROBx64 V7. 0 DE160929 ChinaWindow-47099 ID-5451100319 hw _ no：13-13247099 exp. date：2018-09-30 11111110000000101110111000011

如果因为路由器的原因，客户端计算机无法找到服务器端计算机的名称，也可以用服务器端计算机的 IP 地址替代计算机的名字，如用 192. 168. 178. 71 替代 XIAOHELI-HP。

6）在服务器端计算机上启动 License 管理器，如图 1-29 所示。

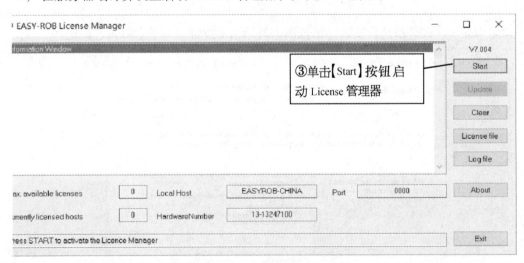

图 1-29　启动 License 管理器

7）在客户端计算机上启动 EASY-ROB 软件，这时在服务器端计算机上 EASY-ROB License Manager 的窗口里就可以看到图 1-30 所示的内容，提示已经连上服务器，软件可以正常使用。

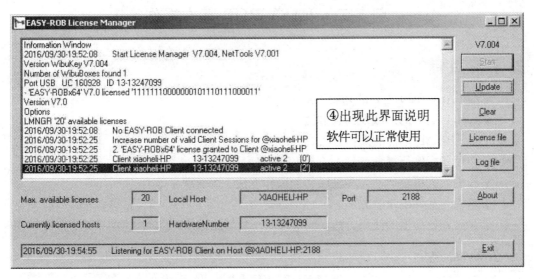

图 1-30 软件可正常使用

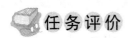 任务评价

根据学习情况，对照表 1-1 完成本任务的学习评价。

表 1-1 认识常见离线编程软件学习评价表

	评价项目	评价标准	评价结果
自我评价	工业机器人语言系统	A. 了解	
		B. 不了解	
	工业机器人离线编程常用软件	A. 知道	
		B. 不知道	
	EASY-ROB 的特点	A. 了解	
		B. 不了解	
	EASY-ROB 的安装方法	A. 会	
		B. 不会	
	EASY-ROB 的基本概念	A. 会	
		B. 不会	
教师评价	认识常用的离线编程软件	A. 优	
		B. 良	
		C. 中	
		D. 差	

任务二 EASY-ROB 基本操作

 学习目标

☆ 掌握 EASY-ROB 语言的切换方法。
☆ 掌握用户文件的加载及卸载方法。
☆ 了解 3D-CAD 文件的操作方法。
☆ 学会用鼠标进行视角变换。
☆ 掌握机器人单轴运动与多轴联动的操作方法。
☆ 了解视频文件的录制方法。
☆ 了解后置处理器的使用方法。

 任务描述

本任务将在 EASY-ROB 软件中设置系统文件，用鼠标操作机器人完成单轴运动与多轴联动，录制视频文件、生成 3D-PDF 文档，并使用后置处理器将 EASY-ROB 程序处理为其他机器人能识别的程序。

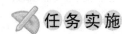 **建议学时**

6 学时。

任务实施

一、系统文件的设置

1. 环境变量文件的设置

环境变量文件 "easy-rob. env" 包含了 EASY-ROB 的所有初始设置，并且在 EASY-ROB 每次启动时会自动加载。此外，当运行仿真更改设置时，用户可以通过 ARC 命令加载环境变量文件。该文件包含的变量设置有开/关地板的状态、背景颜色、工具栏的风格、裁剪平面设置等。因为具有 "各自的" 环境变量文件，每个用户都可以启动和使用 EASY-ROB 的个性化设置功能。

更改环境变量可以通过以下两种方式完成：

1）手动编辑文件。用户可以使用快捷方式 "Alt + Shift + E" 或以菜单的形式编辑该文件，如【File】/【Edit】/【EASY-ROB System Files】/【Environment file】，打开方式如图 1-31 所示，打开后的环境变量文件如图 1-32 所示。

2）在提交更改设置申请后保存环境变量文件，如【File】/【Save】/【Environment file】。

2. 语言切换

EASY-ROB 是采用英文编写的，但提供了德文和中文，用户可以在这三种语言下进行切换。语言切换有两种方法。

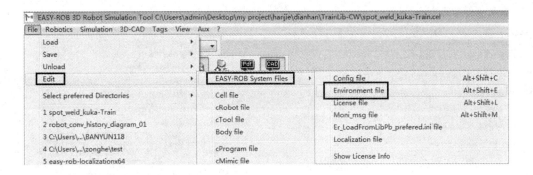

图 1-31 打开环境变量文件的操作方法

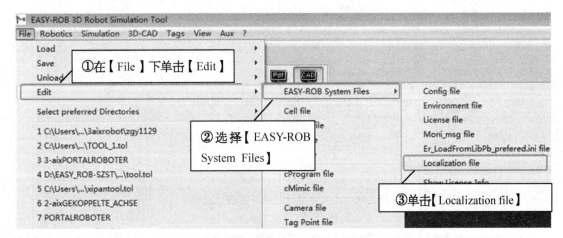

图 1-32 打开的环境变量文件

方法一：菜单方式，操作方法如图 1-33 ~ 图 1-35 所示。

图 1-33 通过菜单方式进行语言切换

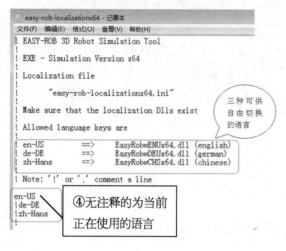

图 1-34　查看当前语言

图 1-35　保存修改

方法二：直接修改文件。找到免安装版的软件存盘目录或者在文件安装目录（如 C：\ EASY_ROB\Easy_Rob_x64）中找到 "easy-rob-localizationx64. ini"，使用"写字板"打开配置文件，则能看到图 1-34 所示的文件配置信息。

1）绿色免安装版的 EASY-ROB，在文件存放目录下修改配置文件，如图 1-36 所示。

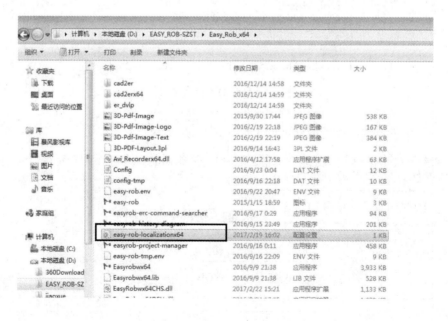

图 1-36　在文件存放目录下修改配置文件

2）安装版的 EASY-ROB，则在安装目录下修改配置文件，如图 1-37 所示。

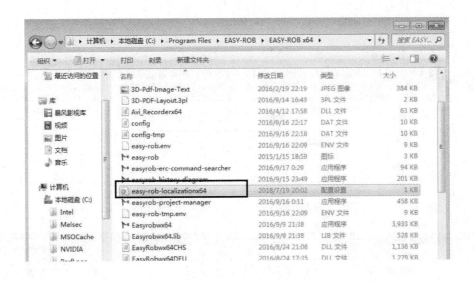

图 1-37 在安装目录下修改配置文件

3. 用户文件的加载及卸载

（1）单元文件的加载与卸载 选择载入工作单元或工作站（cell file），里面是 EASY-ROB 公司做好的项目案例，加载后可以直接进行模拟播放、修改编程、查看相关信息等操作。

方法一：通过菜单方式直接加载单元文件，其操作方法如图 1-38 ~ 图 1-40 所示。

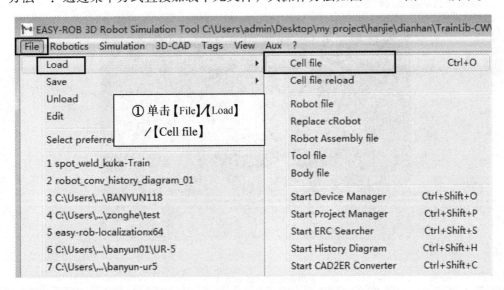

图 1-38 通过菜单方式加载单元文件

方法二：通过启动设备管理器加载单元文件，如图 1-41 和图 1-42 所示。

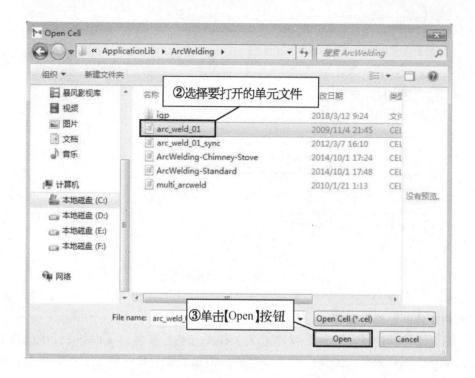

图 1-39　选择单元文件

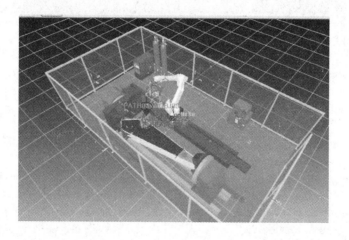

图 1-40　单元文件

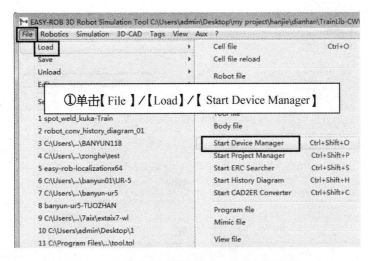

图 1-41 通过启动设备管理器加载单元文件

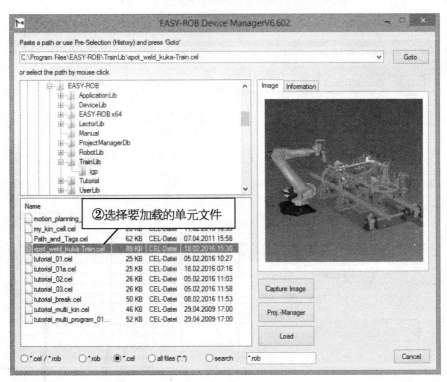

图 1-42 选择单元文件

如果单元文件被成功调出，会显示"Load Cell file from Library Successful"，提示从库中调用单元文件成功。

方法三：通过工具栏加载单元文件，如图 1-43 所示。

卸载单元文件的方法与加载单元文件的方法基本相同，其操作步骤如图 1-44 所示。

图 1-43 通过工具栏加载单元文件

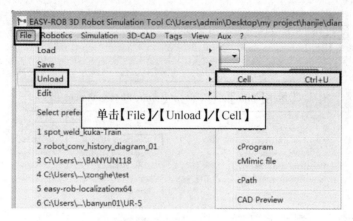

图 1-44　卸载单元文件

（2）机器人文件的加载与卸载　加载机器人文件的操作方法如图 1-45 所示，卸载方法如图 1-46 所示。

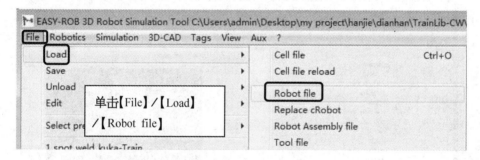

图 1-45　加载机器人文件

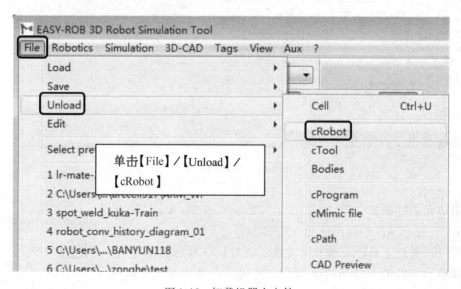

图 1-46　卸载机器人文件

（3）工具文件的加载 操作方法如图1-47所示，加载成功后的效果如图1-48所示。

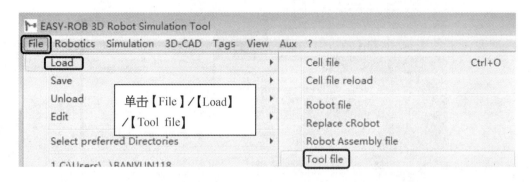

图1-47 加载工具文件

4. 3D-CAD 文件的操作

（1）Body文件的创建 Body文件的创建方法有两种，方法一是在菜单栏【3D-CAD】中单击【Create/Import new 3D CAD Body】，如图1-49所示。需要注意的是，在用此方法之前需要先将3D-CAD群组更换为Body Group。

方法二为直接使用快捷方式打开【3D CAD Window】，然后选择"Body Group"，之后创建Body文件并选择形状、设置尺寸、更改名称、更改位置，操作方法如图1-50~图1-55所示。

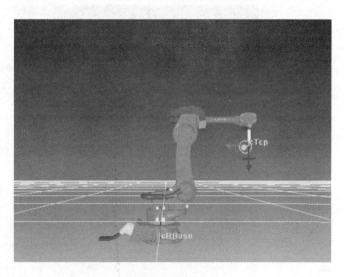

图1-48 加载成功

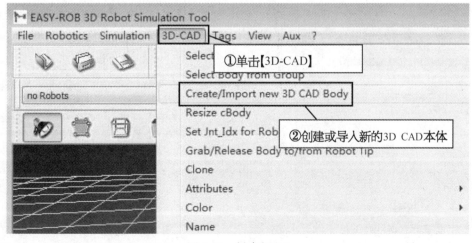

图1-49 创建方法1

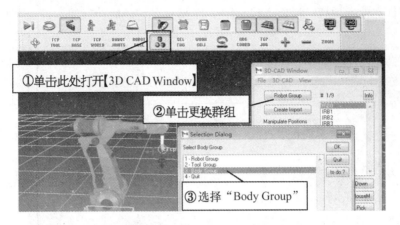

图 1-50　选择"Body Group"

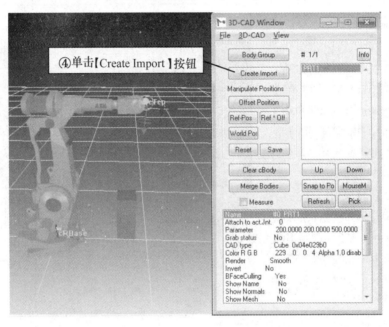

图 1-51　创建 Body 文件

图 1-52　选择形状

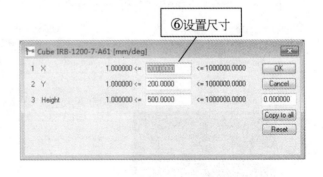

图 1-53　设置尺寸

图 1-54　更改名称　　　　　　　　　　　　　　　　图 1-55　更改位置

（2）STL 文件的加载　STL 文件的加载方法与 Body 文件的创建方法类似，不同的是在创建导入时需选择"STL ascii or binary FILE"，如图 1-56 所示。

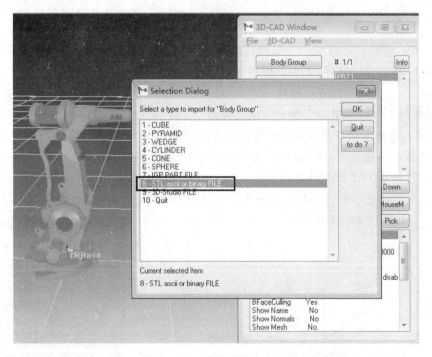

图 1-56　选择文件类型

（3）IGP 文件的加载　IGP 文件的加载方法与 STL 文件的加载方法类似，如图 1-57 所示。

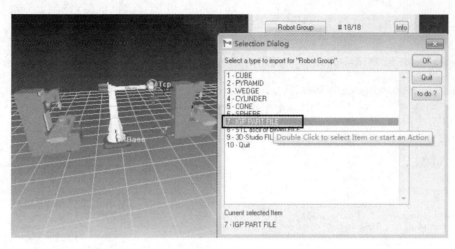

图 1-57 加载 IGP 文件

（4）3DS 文件的加载 3DS 文件的加载方法与 STL 文件和 IGP 文件的加载方法类似。

二、机器人单轴运动和多轴联动

1. 用鼠标进行机器人视角变换

EASY-ROB 下可以用鼠标进行机器人的视角变换，在修改世界视图模式 ✥ 下鼠标各键的功能如图 1-58 所示。

1）鼠标左键用于围绕 X、Y、Z 轴旋转。

2）滚动鼠标滚轮可以放大缩小视图。

3）按住鼠标滚轮可以逐步聚焦。

4）同时按下鼠标左键和右键可以拖动视图。

2. 机器人单轴运动与多轴联动的操作方法

（1）机器人单轴运动 机器人单轴运动的操作方法有两种。

1）单击【ROBOT JOINTS】选择机器人关节运动，如图 1-59 所示。在此状态下配合鼠标可独立移动机器人的各个轴。鼠标各键的功能如图 1-60 所示。

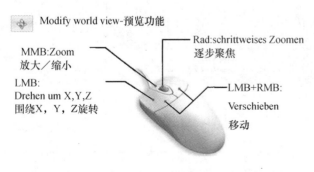

✥ Modify world view-预览功能

MMB:Zoom
放大／缩小

Rad:schrittweises Zoomen
逐步聚焦

LMB:
Drehen um X,Y,Z
围绕X，Y，Z旋转

LMB+RMB:
Verschieben
移动

图 1-58 鼠标各键功能

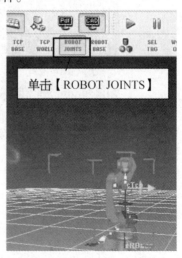

单击【ROBOT JOINTS】

图 1-59 选择机器人关节运动

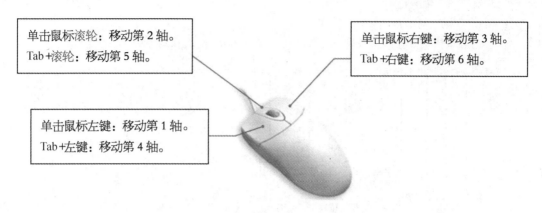

单击鼠标滚轮：移动第 2 轴。
Tab +滚轮：移动第 5 轴。

单击鼠标右键：移动第 3 轴。
Tab +右键：移动第 6 轴。

单击鼠标左键：移动第 1 轴。
Tab +左键：移动第 4 轴。

图 1-60　鼠标各键的功能

2）在菜单栏中选择【Aux】/【Mouse Mode】/【Joint】，如图 1-61 所示，出现图 1-62 所示界面，可选择要操作的轴，然后用鼠标左键操作该轴移动，此时鼠标滚轮及右键都不起作用。

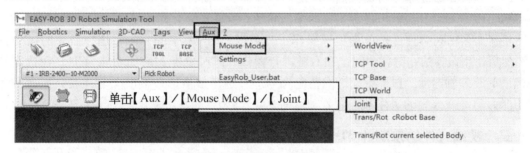

图 1-61　用鼠标操作关节的菜单方法

（2）机器人多轴联动　用鼠标操作工具条中各功能，如图 1-63 所示。

工业现场的机器人实际上是有多个轴的机械手臂，要想让机器人完成指定的生产任务，通常要在机器人的末端固定一个工具，如焊接机器人的焊枪、涂胶机器人的胶枪、搬运机器人的夹具等。由于各工具的大小、形状各不相同，这样就产生了一个问题：如何选择一个点来代表整个工具？这个点就是机器人的工具中心点（Tool Center Point），简称 TCP。

EASY-ROB 中机器人多轴联动操作与 ABB 机器人的线性运动类似，有基于工具坐标的多轴联动、基于基坐标的多轴联动和基于世界坐标的多轴联动 3 种方式。

1）TCP TOOL 是基于工具坐标的多轴联动。工具坐标的原点是初始状态的工具中心点（TCP），当在 TCP TOOL 下让机器人去接近空间的某一点时，其本质是让工具中心点去接近该点。此时机器人的运动轨迹就是工具中心点的运动轨迹。

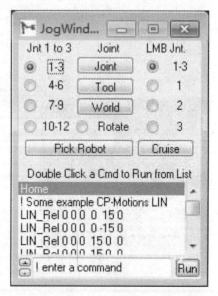

图 1-62　出现界面

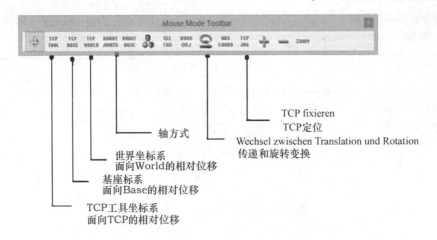

图 1-63　工具条中各功能

2）TCP BASE 是基于机器人底座中心点（基坐标坐标原点）的多轴联动。

3）TCP WORLD 是基于世界坐标的多轴联动，世界坐标又称大地坐标。

机器人多轴联动时首先单击鼠标操作工具条 中的一个，选择需要的运动方式，然后使用鼠标的左键、中间键和右键进行操作。此时鼠标左键的功能为 TCP 在选定的坐标系下沿 X 轴运动，鼠标中间键的功能为 TCP 在选定的坐标系下沿 Y 轴运动，鼠标右键的功能为 TCP 在选定的坐标系下沿 Z 轴运动。

三、视频文件的录制和 3D-PDF 文档的生成

1. 视频文件的录制

1）打开录制视频窗口，操作步骤如图 1-64 所示。

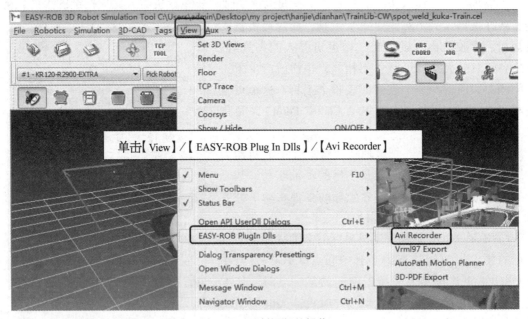

图 1-64　录制视频的操作

2）设置输出窗口的尺寸，操作步骤如图 1-65 和图 1-66 所示。

图 1-65　设置输出窗口的尺寸 1

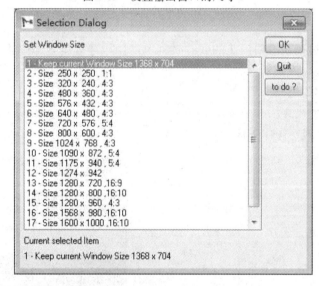

图 1-66　设置输出窗口的尺寸 2

3）初始化设置，操作步骤如图 1-67 和图 1-68 所示。

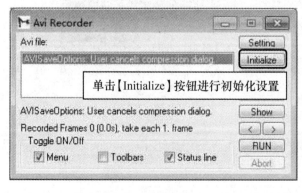

图 1-67　初始化设置 1　　　　　　　　　　图 1-68　初始化设置 2

4）开始录制。单击【Rec】按钮等待动画开始，单击【RUN】按钮开始动画，如图 1-69 所示。

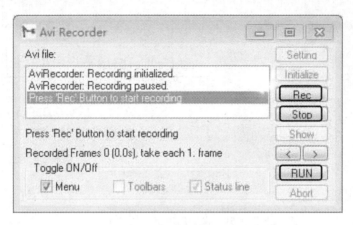

图 1-69 录制视频操作界面

5）结束录制。可以在需要停止的任意时刻单击【Stop】按钮立即停止录制。另外，在动画结束后会自动停止视频录制。

2. 3D-PDF 文档的生成

3D-PDF 文档的生成方法有两种。

方法一：菜单方式，操作方法如图 1-70 所示。

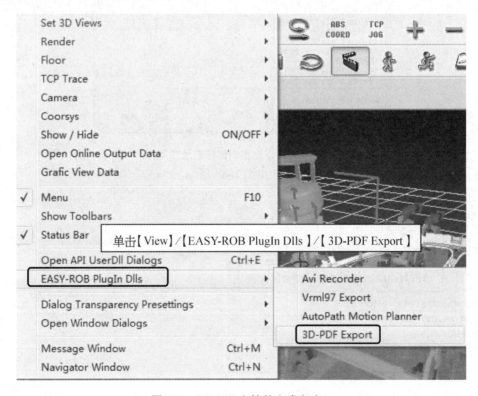

图 1-70 3D-PDF 文档的生成方法 1

方法二：ERCL 编程。在机器人运动程序的开始处调用开启 3D-PDF 的功能函数，在程序结束处关闭，如图 1-71 所示。

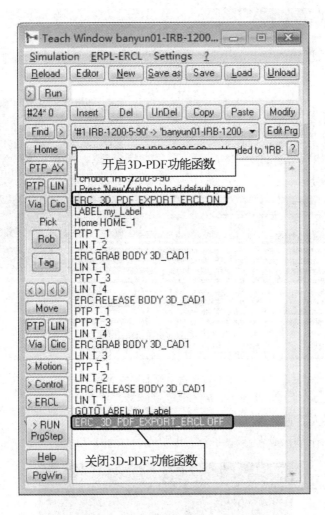

图 1-71　3D-PDF 文档的生成方法 2

3. 图像捕捉

图像捕捉对话框的截屏功能使用户能够创建 BMP 或 JPEG 格式的截图。

1）从库中加载机器人或工作单元到 EASY-ROB 中。

2）使用 EASY-ROB 库对话框的【Capture Image】功能加载单元或机器人。需要注意的是，要首先选中要捕捉的文件，如图 1-72 所示的 ".cel" 文件。通过这样做，系统将知道文件名并且可以把文件名赋予捕获的图像。

四、后置处理器的使用

EASY-ROB 提供了强大的 "后置处理" 功能，目前开放的教学版支持 ABB、KUKA、FANUC、OTC、COMAU 等主流品牌机器人系统。通过 EASY-ROB 的 "后置处理" 功能可以将 EPRL 编程语言编写的 EASY-ROB 程序翻译成对应的机器人语言，方便教学，简化学习多种类机器人编程的工作量。

图 1-72　选中要捕捉的文件

1. KUKA 机器人后置处理

1）加载一个工作单元或者新建一个工作单元，如图 1-73 所示。

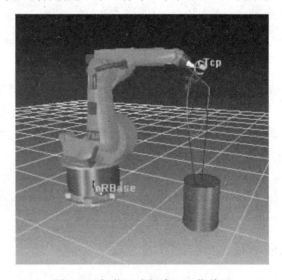

图 1-73　加载（或新建）工作单元

2）单击弹出程序窗口，单击 ▷ ERCL ，在程序中打开【POST_PROCESS】命令，在程序的开始和结束位置添加后置处理"开"和"关"语句，如图 1-74 和图 1-75 所示。

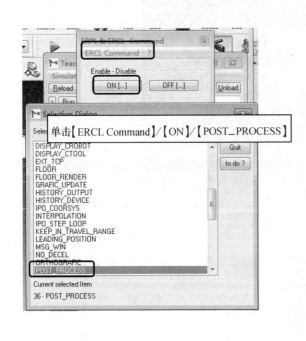

图 1-74　选择【POST-PROCESS】命令　　　　图 1-75　添加后置处理语句

3）单击 ▶ 按钮运行程序，自动在文件根目录下生成 dat 和 src 程序，如图 1-76 所示。这两个程序可以直接导入 KUKA 的机器人控制器中。

📄 MY-KUKA	2019/3/23 11:41	DAT 文件
📄 MY-KUKA	2019/3/23 11:41	SRC 文件

图 1-76　生成 dat 和 src 程序

4）后置处理完成。

2. ABB 机器人后置处理

1）创建简单的工作单元并示教目标点，如图 1-77 和图 1-78 所示。

2）输入 EASY-ROB 程序。

```
ProgramFile
ERC POST_PROCESS    ABB    ABB517. MOD
ALONG PATH01 T_1 T_4
ERC POST_PROCESS OFF
EndProgramFile
```

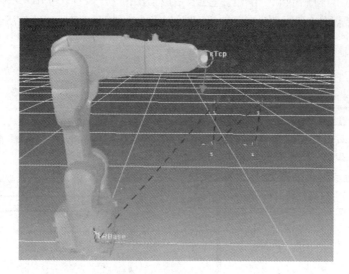

图 1-77   创建简单的工作单元

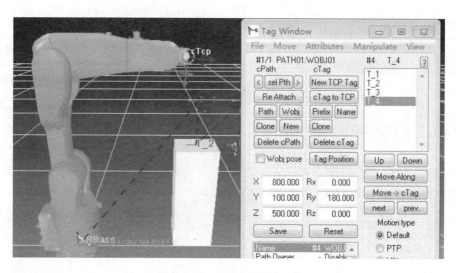

图 1-78   示教目标点

3）后置处理后得到 ABB 模块文件，如图 1-79 所示。

ABB517   2019/5/17 14:49   MOD 文件   5 KB

图 1-79   生成的 ABB 模块文件

4）在 ABB 仿真软件 RobotStudio 中加载该模块文件，操作步骤如图 1-80 和图 1-81 所示。

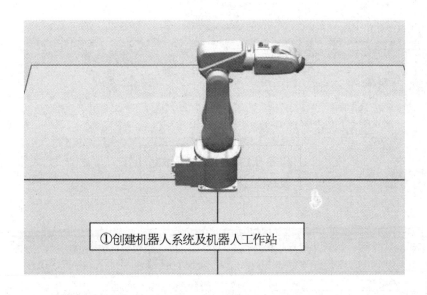

图 1-80　创建机器人系统及工作站

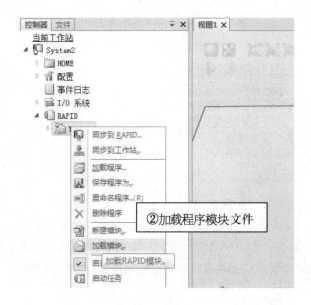

图 1-81　加载模块文件

5）将程序模块导入到工作站中，操作步骤如图 1-82 ~ 图 1-84 所示。

按照上述步骤加载后置处理后得到的 ABB 模块文件可以正常运行，如图 1-85 所示。

6）后置处理完成。

其他品牌机器人程序文件的后置处理过程与上述相同。

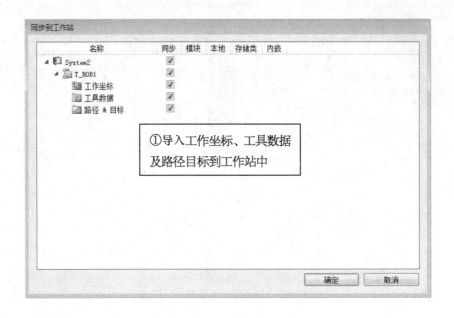

图 1-82 导入程序模块

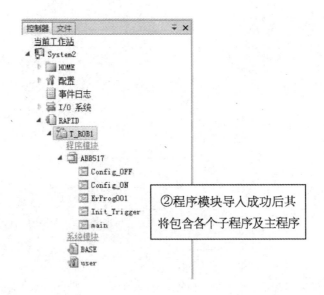

图 1-83 导入成功

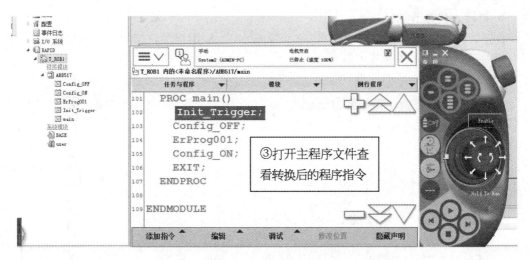

图 1-84 打开主程序文件

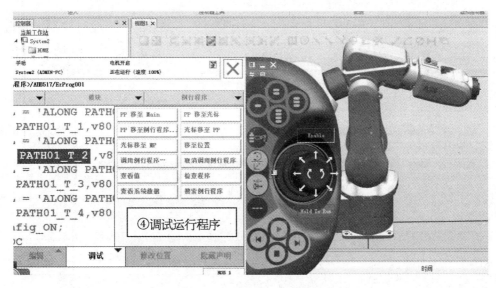

图 1-85 运行正常的 ABB 模块文件

五、其他基本操作

1. 碰撞检测功能的使用

碰撞检测开关用来切换碰撞检测开启或关闭，对于离线编程验证设计精度有重要意义，只有建模精确，才可以大大减少项目现场的调试时间。有以下两种方法可以进行碰撞检测：

方法一：单击工具栏中的碰撞检测图标，如图 1-86 所示。

方法二：编程实现，与 3D-PDF 的使用方法类似。

图 1-86 碰撞检测图标

2. 机器人仿真节拍

首先，找到并双击打开"easyrob-history-diagram"应用程序，如图 1-87 所示，然后出现图 1-88 所示的机器人仿真节拍界面。

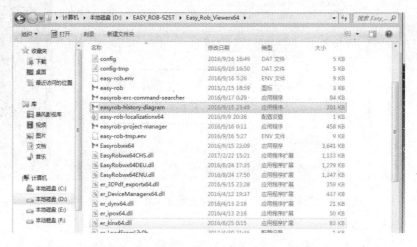

图 1-87　"easyrob-history-diagram"应用程序

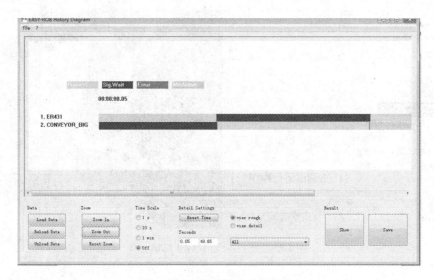

图 1-88　机器人仿真节拍界面

3. 视图文件的保存

在使用 EASY-ROB 时可以把不同视角的状态保存为视图文件，然后在程序中调用该文件。视图文件的保存方法如图 1-89 和图 1-90 所示。

4. 机器人本体或工件颜色的更改

简单的工作单元应该包含一个机器人以及一个工具。选中需要更改颜色的对象，单击【3D-CAD】/【Color】/【User Color】或【Change Object Colors】，选择所需要的颜色，如图 1-91 和图 1-92 所示。

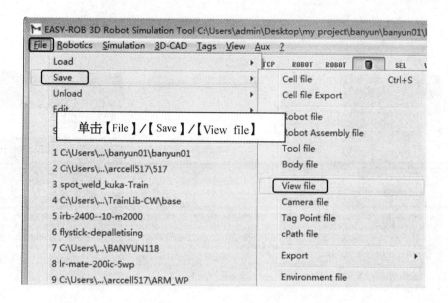

图 1-89 视图文件的保存方法

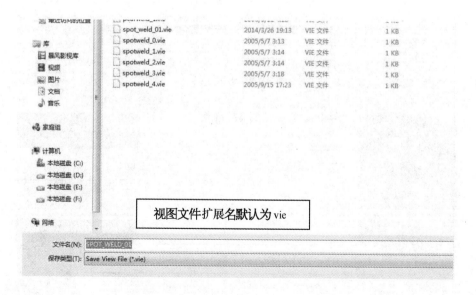

图 1-90 视图文件的扩展名

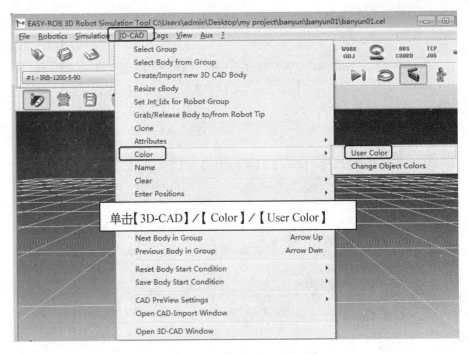

图 1-91　选择【用户自定义色彩】

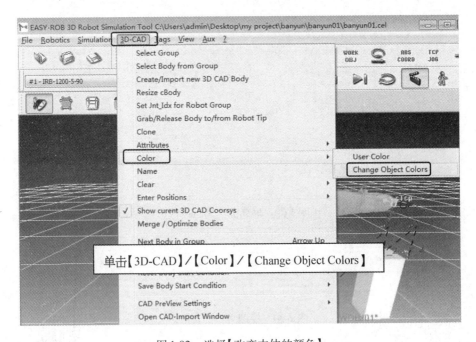

图 1-92　选择【改变本体的颜色】

5. TCP 轨迹的样式更改

在 EASY-ROB 中可以选择 TCP 轨迹的样式，单击【View】/【TCP Trace】，选择所需要的设置，其修改方法如图 1-93 和图 1-94 所示。

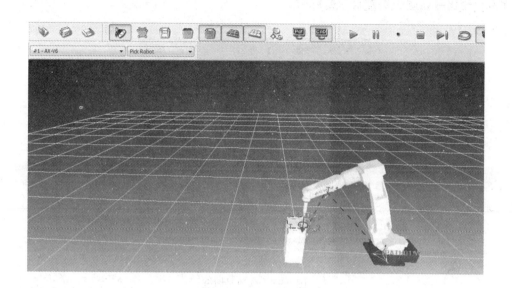

图 1-93　选中需要更改设置的 TCP 轨迹

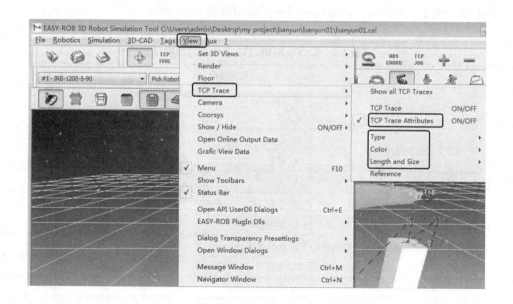

图 1-94　选择相应的功能

拓展训练

打开 ERCL 功能函数，出现如图 1-95 所示的界面，逐一选择相应的功能函数，观察工作界面的变化并描述该功能函数的作用。

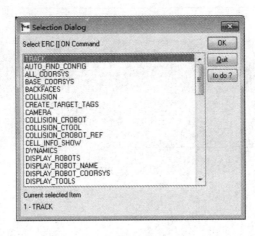

图 1-95　选择对话框

任务评价

根据学习情况，对照表 1-2 完成本任务的学习评价。

表 1-2　**EASY-ROB** 基本操作学习评价表

	评价项目	评价标准	评价结果
自我评价	EASY-ROB 语言切换	A. 会	
		B. 不会	
	用户文件的加载与卸载	A. 会	
		B. 不会	
	用鼠标进行视角交换	A. 会	
		B. 不会	
	机器人单轴运动与多轴联动操作	A. 熟练操作	
		B. 会操作	
		C. 不会	
教师评价	EASY-ROB 的基本操作	A. 完成情况优	
		B. 完成情况良	
		C. 未完成	

职业能力评价表

认识离线编程学习过程评价表

班级：　　　　组别：　　　　姓名：

项　目	评价内容	每次课评价	活动总评
职业素养评价项目（老师与观察员评价）	不迟到、不早退、仪容仪表、工作服 评价方法：全部合格为A，一个不合格为B，两个不合格为C，三个不合格为D		
	资讯（获取有效的信息）：网络、书籍、产品资料、老师、同学、相关规范及标准、其他 评价方法：两种渠道以上的为A，两种渠道的为B，一种渠道的为C，无渠道的为D		
	团队合作意识：与同学合作交流，听取同学意见，表达自己的观念，协助制订工作计划，无独自一人发呆走神现象，无抵触或不参与的情况，协调小组成员，参与小组讨论 评价方法：全部合格为A，一个不合格为B，两个不合格为C，三个及三个以上不合格为D		
	6S管理意识：学习区、施工区、资讯区 评价方法：全部合格为A，一个不合格为B，两个不合格为C，三个不合格为D		
职业能力评价项目（老师与组长评价）	当次项目完成情况： 评价方法：根据项目完成情况、工艺、速度评价，成功为A或B，完成大部分为C，未动手为D		
	任务1：		
	任务2：		
	拓展训练：		
加分项目	1. 课堂积极发言一次加1分 2. 上讲台总结发言一次加2分 3. 成功组织策划课间活动一次加3分		
加分及扣分说明			
小组评语及建议	我们做到了： 我们的不足： 我们的建议：	组长签名： 　　年　月　日	
总评说明及过程评价记录	评价项目说明：评A最多的总评为A+，第二多的为A，依此类推，分别为A-、B+、B、B-、C+、C、C-（若无A就统计B，无B统计C，无C统计D） 评价记录： （　）组：A（　）个；B（　）个；C（　）个；D（　）个	评定等级： 教师签名： 日期：	

项目二 机器人轨迹运动离线编程

任务一 模拟搬运工作单元离线编程

学习目标

☆ 学会工作单元的创建。

☆ 学会目标点的示教。

☆ 学会应用基本指令编程。

☆ 学会基本工作单元的调试运行。

任务描述

本任务将通过示教几个目标点来简单模拟搬运工作单元的轨迹运动过程：在工件上取两点作为搬运的起点和终点，并在它们上方各取一点作为过渡点，通过使用 PTP、LIN 指令完成工件的模拟搬运轨迹运动，完成后的效果如图 2-1 所示。本任务涉及的内容有创建工作单元、创建并示教目标点、编程调试等。

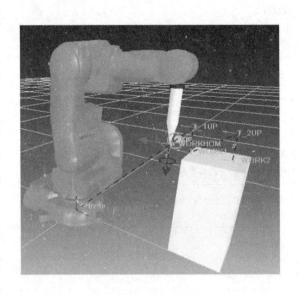

图 2-1 完成效果

建议学时

4 学时。

知识准备

一、机器人的运动方式

机器人按照运动指令进行运动，不同的运动指令机器人的运动方式也不同。EASY-ROB中机器人的运动方式有以下几种。

1. 按轴坐标运动（Point to Point，点到点）

关节插补指令（PTP）对应的机器人运动方式为，机器人沿最快的方式将 TCP 从起始点运动至目标点。这个移动路线不一定是直线，因为机器人轴进行回转运动，所以曲线轨迹运动比直线轨迹运动快，如图 2-2 所示。由于此轨迹无法精确预知，因而在调试及试运行时，应该通过在阻挡物体的附近降低速度来测试机器人的移动特性。物料搬运对机器人轨迹的要求不高，因此一般都可运用关节插补指令 PTP 来实现。PTP 运动方式是时间最快，也是最优化的移动方式。

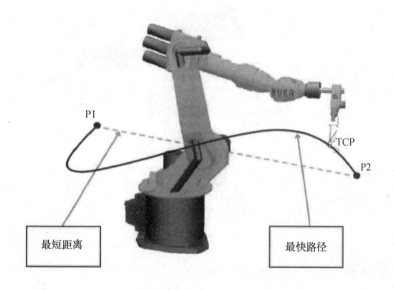

图 2-2　曲线轨迹运动比直线轨迹运动快

2. 沿轨迹运动：直线运动和圆周运动

1）使用直线插补指令（LIN）可使机器人进行线性运动。线性运动是机器人沿一条直线以定义的速度将 TCP 运动至目标点，如图 2-3 所示。在线性移动过程中，机器人转轴之间进行配合，使工具或工件参照点沿着一条通往目标点的直线移动。在这个过程中，工具本身的取向按照程序设定的取向变化。

2）圆弧插补指令（CIRC）。圆周运动是机器人沿圆形轨道以定义的速度将 TCP 运动至目标点，对应的指令为圆弧插补指令 CIRC。这里 TCP 或工件的参照点会沿着圆弧向结束点运动，这条路径是由起始点、中间点、结束点确定的，运动结束点会是下一个运动的起始点。当一个点作为圆弧中间点时，它的工具姿态就会被忽略，如图 2-4 所示。

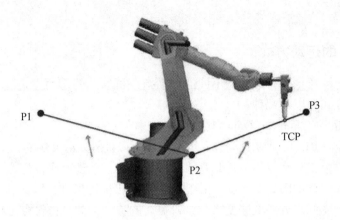

图 2-3 线性运动

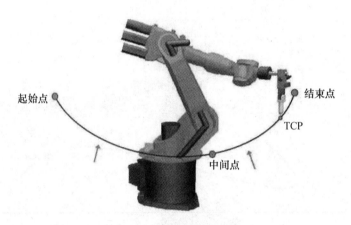

图 2-4 圆周运动

二、指令讲解

1. ALONG 指令

ALONG 指令是 EASY-ROB 提供的沿轨迹运行一周的指令。程序示例：ALONG PATH1 T_1 T_4，ALONG ROB T_1 T_4。

2. MOVE 指令

MOVE 指令是 EASY-ROB 提供的移动指令，可以移动到自己需要的任意目标点。程序示例：MOVE T_4，MOVE T_1 T_3 T_4。

任务实施

一、工作单元的搭建

1）加载机器人。在机器人文件库中选择 ABB 公司的 IRB-140，加载机器人文件后的效果如图 2-5 所示。

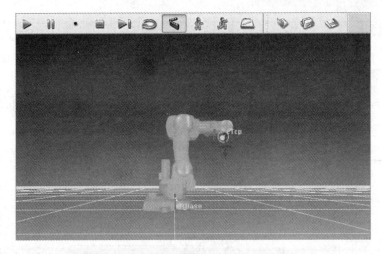

图 2-5　加载机器人文件后的效果

2）根据实际工作需要调整机器人基座位置。有两种方法可以调整机器人基座位置。

方法一：在【Robotics】菜单下选择【cRobot Base Position】，如图 2-6 所示，出现修改机器人基点坐标界面。

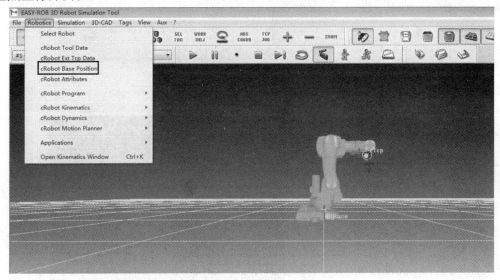

图 2-6　选择【Robotics】/【cRobot Base Position】

方法二：在鼠标操作工具栏中双击【ROBOT BASE】，出现机器人运动学窗口。双击"Base Pos."后出现修改机器人基点坐标界面，如图 2-7 和图 2-8 所示。

图 2-7　双击【ROBOT BASE】

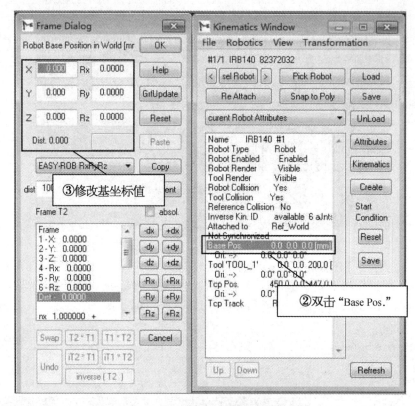

图 2-8 修改基点坐标

3）加载工具文件"*.tol"，如图 2-9 所示。

4）创建 Body 文件。首先双击图标打开【3D-CAD Window】，单击【Robot Group】，在弹出的窗口中选择"Body Group"，然后创建 Body 文件、选择形状并修改尺寸、修改 Body 文件名称，如图 2-10 ~ 图 2-14 所示。

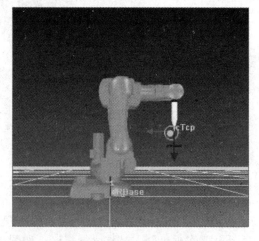

图 2-9 加载工具文件

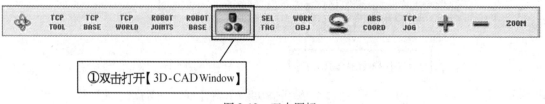

图 2-10 双击图标

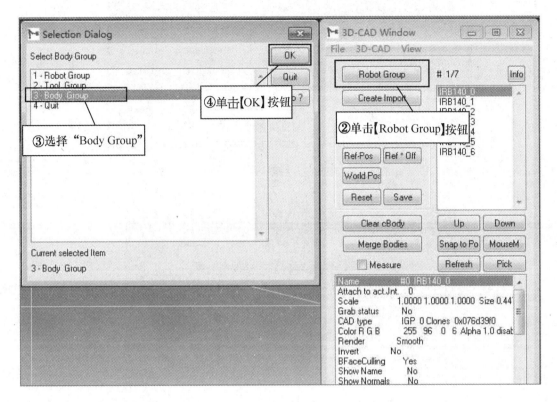

图 2-11 选择"Body Group"

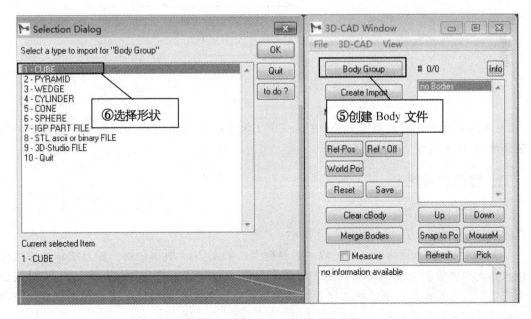

图 2-12 创建 Body 文件并选择形状

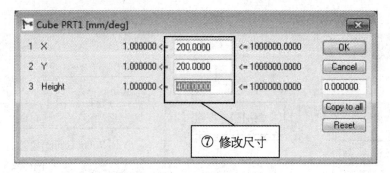

图 2-13　修改尺寸

图 2-14　修改 Body 文件名称

5）根据实际工作需要调整 Body 位置。可以通过修改 Body 文件的世界坐标值或者偏移量来调整 Body 的位置，如图 2-15 所示。

二、目标点示教

1）打开目标点窗口。

2）新建目标点，其方法如图 2-16 所示。

3）示教目标点。有两种方法可以示教目标点，如图 2-17 所示。第一种方法是通过鼠标操作机器人单轴运动与多轴联动，使 TCP 点移动到目标位置，然后单击【cTag to TCP】按钮将当前位置写入目标点；第二种方法是直接修改目标点的坐标值，此时需要单击坐标值下面的【Save】按钮来更新坐标值。

4）机器人运行轨迹仿真运行，其方法如图 2-18 所示。

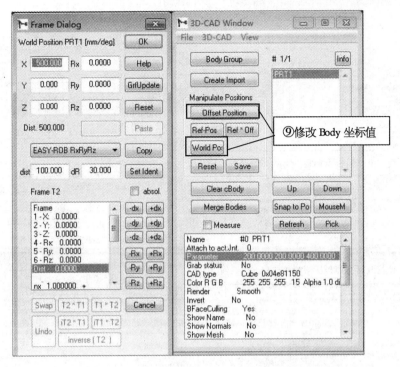

图 2-15　调整 Body 位置

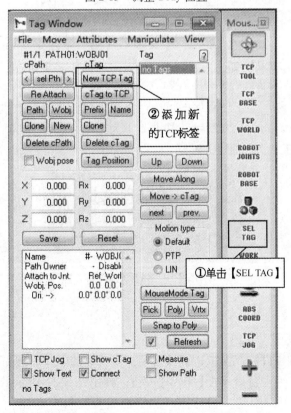

图 2-16　新建目标点

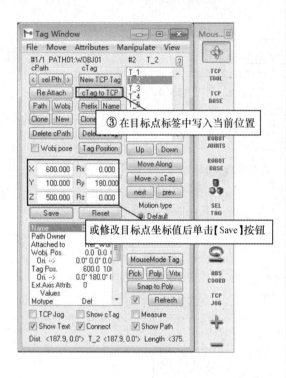

图 2-17　示教目标点　　　　　　　　　　　图 2-18　仿真运行轨迹

5）修改目标点名称。为了使程序的可读性更强，建议将目标点的名称改为有实际意义的英文简写，如图 2-19 和图 2-20 所示。其中 T_1 为工作原点，T_3 为机器人工作点 1，T_5 为机器人工作点 2，T_2、T_4 为过渡点。

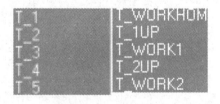

图 2-19　目标点名称

三、程序编写

1）打开编程窗口和目标点窗口，其界面及主要功能如图 2-21 所示。

2）编写程序。在编程窗口单击【NEW】按钮，弹出图 2-22 所示的窗口，在光标处编写程序。首先在目标点窗口中选中目标点，然后在编程窗口中单击指令，即可生成一行程序。

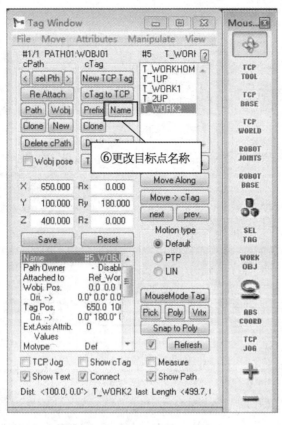

图 2-20　更改目标点名称

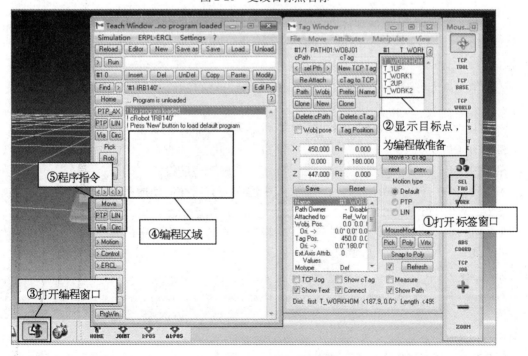

图 2-21　编程窗口及目标点窗口

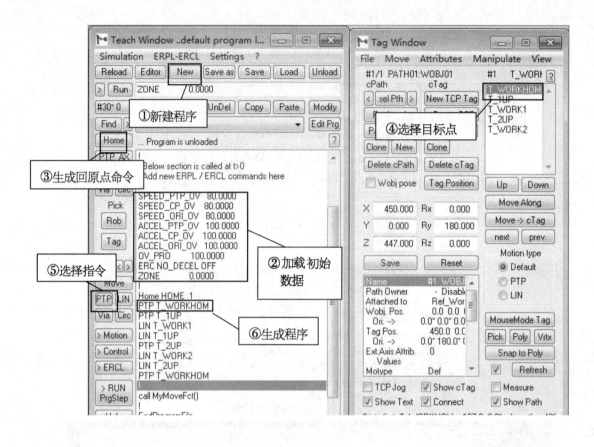

图 2-22　编写程序

熟练掌握以上方法后可在编程窗口单击【Editor】按钮打开记事本窗口进行编程。程序如下：

SPEED_PTP_OV	80. 0000	! 机器人关节插补运动速度设定(%)；
SPEED_CP_OV	80. 0000	! 机器人连续运动速度设定(%)；
SPEED_ORI_OV	80. 0000	! 机器人旋转速度设定(%)，
ACCEL_PTP_OV	100. 0000	! 机器人关节插补运动加速度设定(%)；
ACCEL_CP_OV	100. 0000	! 机器人连续运动加速度设定(%)；
ACCEL_ORI_OV	100. 0000	! 机器人旋转加速度设定(%)；
OV_PRO	100. 0000	! 程序速度设定(%)；
ERC NO_DECEL OFF		! 无减速时间函数关；
ZONE	0. 0000	! 机器人转弯半径设定,等同于 ABB 机器人 RAPID 语言 Z＊＊,ZONE = O 相当于 fine；

Home HOME_1
PTP T_WORKHOM
PTP T_1UP

```
LIN T_WORK1
LIN T_1UP
PTP T_2UP
LIN T_WORK2
LIN T_2UP
PTP T_WORKHOM
!
call MyMoveFct( )
!
EndProgramFile
Fct MyMoveFct( )
!
EndFct
```

EASY-ROB 中用感叹号"!"对程序进行注释。写好程序后保存，然后加载即可，方法如图 2-23 所示。注意，程序修改后除单击【Save】按钮外，还应单击【Reload】按钮重新加载。

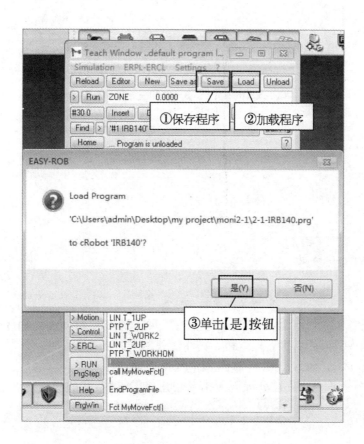

图 2-23　保存和加载程序

四、调试运行

1）保存程序。

2）加载程序。

3）保存工作单元（CELL）。

在保存工作单元时弹出图 2-24 所示对话框，选择【否】，不复位所有的位置和姿态至初始状态。弹出图 2-25 所示对话框时选择【是】，保存当前位置和姿态为初始状态。

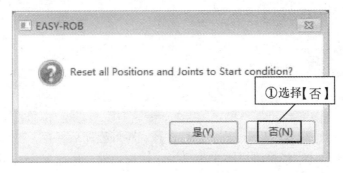

图 2-24　不重置位置和姿态

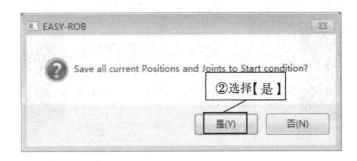

图 2-25　保存当前的位置和姿态

4）生成 3D-PDF 文档。

5）生成 AVI 视频文件。

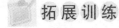 拓 展 训 练

在前面的任务中主要使用了 PTP、LIN 指令，现在请使用 ALONG、MOVE 指令进行运动轨迹编程，并完成程序的后置处理过程。具体任务要求如下：

1）使用 ALONG、MOVE 指令进行模拟搬运运动轨迹编程。

2）使用后置处理器将程序处理为 ABB 控制器 IRC5 能运行的程序模块。

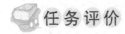 任 务 评 价

根据学习情况，对照表 2-1 完成本任务的学习评价。

表 2-1　模拟搬运工作单元离线编程评价表

	评价项目	评价标准	评价结果
自我评价	创建模拟搬运工作单元	A. 会	
		B. 不会	
	示教目标点	A. 会	
		B. 不会	
	保存单元文件	A. 会	
		B. 不会	
	应用基本指令编程	A. 独立编写	
		B. 借鉴参考	
		C. 不会	
	模拟搬运工作单元的调试运行	A. 能独立找到错误并解决问题	
		B. 在别人的帮助下解决问题	
		C. 不会	
教师评价	模拟搬运工作单元离线编程	A. 成功	
		B. 实现部分功能	
		C. 未完成	

任务二　模拟焊接工作单元离线编程

学习目标

☆ 学会模拟焊接工作单元的创建。
☆ 学会目标点的示教。
☆ 学会应用基本指令编程。
☆ 学会基本工作单元的调试运行。

任务描述

本任务将通过鼠标取点法示教工件顶点上的四个目标点，使用 PTP 及 LIN 指令编程来简单模拟焊接工作单元的轨迹运动过程，并使用 GOTO MYLABEL 指令实现程序的循环运行。本任务涉及的内容有创建工作单元、示教目标点、编程调试等。

建议学时

2 学时。

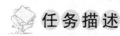

知识准备

1）机器人的运动方式：直线运动、关节运动、圆弧运动。
2）本任务主要使用直线插补指令来完成机器人模拟弧焊操作，直线运动指令的使用方法为：LIN T_1。

3）GOTO LABEL 指令。GOTO LABEL 指令为 EASY-ROB 提供的无条件跳转变指令，需与 LABEL 成对使用，编程时可以单击【控制】/【进入标签】快速生成该指令。程序示例：

```
LABEL my_Label
Home HOME_1
PTP T_1
LIN T_2
PTP T_3
LIN T_4
Home HOME_1
GOTO LABEL my_Label
```

 任务实施

一、工作单元的搭建

1）加载机器人文件，其中机器人型号选择 AX-V6。

2）加载工具文件。

3）创建工件 Body 文件，如图 2-26 所示。

二、示教目标点

示教的方法与上一任务相同，可以采用关节运动直接示教。如果是自己创建的模型，也可以通过计算位置和姿态的方法来得到目标点的坐标数据。本任务将采用新的方法——鼠标取点法来示教目标点。鼠标取点法的操作步骤如图 2-27 所示。若视图中工件顶点上出现了TCP 目标点名称，则说明 TCP 目标点位置修改成功。

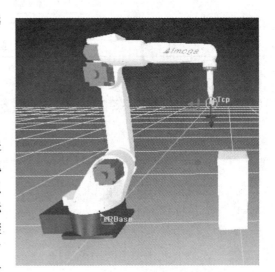

图 2-26　工作单元的搭建

三、编写程序

在编程窗口或者编辑器中编写模拟焊接运行轨迹程序：

```
Home HOME_1          ! 机器人回原点；
PTP T_1UP            ! 关节运动到焊接起始点 T_1 上方的过渡点；
LIN T_1              ! 直线运动到目标点 T_1 点；
LIN T_2              ! 直线运动到目标点 T_2 点；
LIN T_3              ! 直线运动到目标点 T_3 点；
LIN T_4              ! 直线运动到目标点 T_4 点；
```

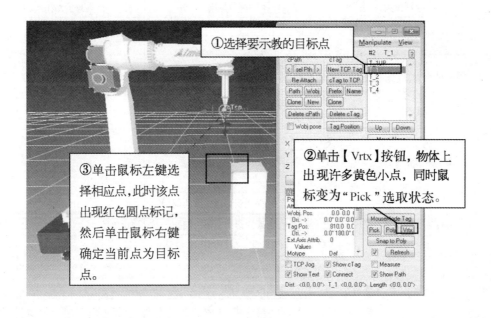

①选择要示教的目标点

②单击【Vrtx】按钮，物体上出现许多黄色小点，同时鼠标变为"Pick"选取状态。

③单击鼠标左键选择相应点，此时该点出现红色圆点标记，然后单击鼠标右键确定当前点为目标点。

图 2-27　鼠标取点法

LIN T_1	! 直线运动到目标点 T_1 点；
LIN T_1UP	! 直线运动到目标点 T_1 点上方的过渡点；
Home HOME_1	! 机器人回原点；

四、调试运行

1）保存程序。

2）加载程序。

3）保存工作单元（CELL）。

4）仿真运行工作单元，如图 2-28 所示。

5）生成 3D-PDF 文档。

6）生成 AVI 视频文件。

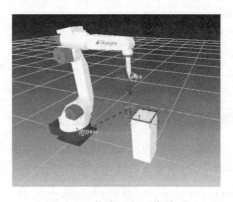

图 2-28　仿真运行工作单元

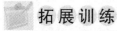 **拓 展 训 练**

具体任务要求如下：

1）使用 GOTO LABEL 指令实现程序循环运行。

2）更换 KUKA 机器人完成该任务并完成程序的后置处理。

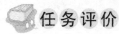 **任 务 评 价**

根据学习情况，对照表 2-2 完成本任务的学习评价。

表 2-2 模拟焊接工作单元离线编程评价表

	评价项目	评价标准	评价结果
自我评价	创建模拟焊接工作单元	A. 会	
		B. 不会	
	示教目标点	A. 会	
		B. 不会	
	保存单元文件	A. 会	
		B. 不会	
	应用基本指令编程	A. 独立编写	
		B. 借鉴参考	
		C. 不会	
	模拟焊接工作单元的调试运行	A. 能独立找到错误并解决问题	
		B. 在别人的帮助下解决问题	
		C. 不会	
教师评价	模拟焊接工作单元离线编程	A. 成功	
		B. 实现部分功能	
		C. 未完成	

任务三　模拟喷涂工作单元离线编程

学习目标

☆ 学会喷涂工作单元的创建方法。
☆ 学会目标点的示教。
☆ 学会应用基本指令编程。
☆ 学会基本工作单元的调试运行。

任务描述

本任务将通过示教几个目标点来简单模拟喷涂工作单元的轨迹运动过程，即在圆柱体工件上取四个顶点，通过圆弧运动指令 CIRC 使 TCP 在工件表面运行一圈完成模拟喷涂轨迹运动。本任务涉及的内容有创建工作单元、创建并示教目标点、编程调试等。

建议学时

2 学时。

知识准备

圆弧运动指令 CIRC 的使用方法：
1. 配合 VIA_POS 指令使用
例如：PTP T_1

VIA_POS T_2

　　CIRC T_3

圆弧起点为 T_1，机器人圆弧运动经过中间点 T_2 到达终点 T_3。

2. CIRC 单独使用

例如：PTP T_1

　　　CIRC T_3 T_2

圆弧起点为 T_1，机器人圆弧运动经过中间点 T_2 到达终点 T_3。

以上两种方法都能完成圆弧运动。

 任务实施

一、工作单元的搭建

1）加载工业机器人。

2）加载工具文件。

3）创建工件 Body 文件并更改颜色。

搭建后的工作单元如图 2-29 所示。

二、根据工作需要示教目标点

示教目标点的方法见前文所述。

三、编写程序

在编程窗口或者 EIDOR 编辑器中编写
如下程序：

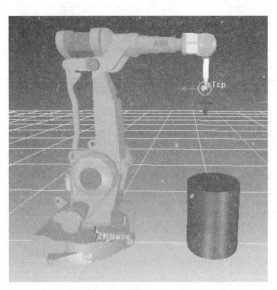

图 2-29　搭建后的工作单元

```
PTP T_HOME
ERC RENDER SMOOTH        ! 调用库函数 RENDER SMOOTH, 使 Body 变得平滑
PTP T_1
VIA_POS T_2
CIRC T_3
CIRC T_1 T_4
PTP T_HOME
```

四、调试运行

1）保存程序。

2）加载程序。

3）保存工作单元（CELL）。

4）生成 3D-PDF 文档。

5）生成 AVI 视频文件。

调试成功的工作单元如图 2-30 所示。

图 2-30　调试成功的工作单元

拓 展 训 练

更换 OTC 机器人完成该实训任务，并完成程序的后置处理。

 任 务 评 价

根据学习情况，对照表 2-3 完成本任务的学习评价。

表 2-3 模拟喷涂工作单元离线编程评价表

	评价项目	评价标准	评价结果
自我评价	创建模拟喷涂工作单元	A. 会	
		B. 不会	
	圆弧运动指令 CIRC 的使用	A. 会	
		B. 不会	
	示教目标点	A. 会	
		B. 不会	
	应用基本指令编程	A. 独立编写	
		B. 借鉴参考	
		C. 不会	
	模拟喷涂工作单元的调试运行	A. 能独立找到错误并解决问题	
		B. 在别人的帮助下解决问题	
		C. 不会	
教师评价	模拟喷涂工作单元离线编程	A. 成功	
		B. 实现部分功能	
		C. 未完成	

任务四　综合工作单元离线编程

 学 习 目 标

☆ 学会综合工作单元的创建方法。
☆ 学会目标点的示教。
☆ 学会应用基本指令编程。
☆ 学会基本工作单元的调试运行。

任 务 描 述

本任务将综合运用关节插补指令 PTP、直线插补指令 LIN 和圆弧插补指令 CIRC 完成模拟焊接、喷涂综合工作站的离线编程。本任务涉及的内容有创建工作单元、示教目标点、编程调试等。

建议学时

2 学时。

任务实施

一、工作单元的搭建

1）加载工业机器人。

2）加载工具文件。

3）创建工件 Body 文件。创建一个长方体和一个圆柱体的 Body 文件，如图 2-31 所示。

二、根据工作需要示教目标点

示教 9 个目标点，使机器人的运行轨迹为：

1）用直线插补指令 LIN 在长方体工件的表面运行一圈，模拟焊接工作过程。

2）使用圆弧插补指令 CIRC 在圆柱体工件的表面运行一圈，模拟喷涂工作过程。

示教目标点的方法见前文所述。示教后的目标点如图 2-32 所示。

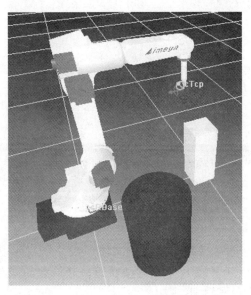

图 2-31　创建 Body 文件

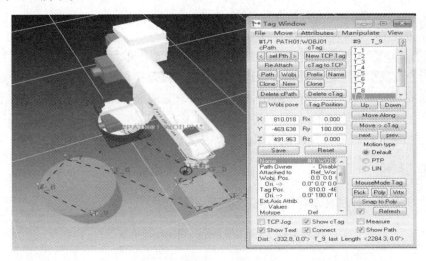

图 2-32　示教后的目标点

三、编写程序

在编程窗口或者 EIDOR 编辑器中编写如下程序：

Home HOME_1

PTP T_1

PTP T_2

LIN T_3
LIN T_4
LIN T_5
LIN T_2
PTP T_1
PTP T_6
VIA_POS T_7
CIRC T_8
CIRC T_6 T_9
Home HOME_1

四、调试运行

1）保存程序。

2）加载程序。

3）保存工作单元（CELL）。

4）生成 3D-PDF 文档。

5）生成 AVI 视频文件。

6）显示 TCP 运动轨迹，并修改轨迹的
颜色和粗细。

调试成功的工作单元如图 2-33 所示。

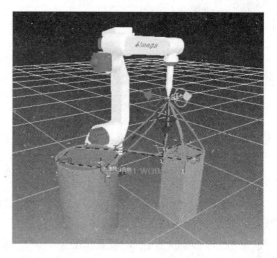

图 2-33　调试成功的工作单元

 拓展训练

1）使用 EASY-ROB 离线编程软件创建机器人综合工作单元，要求在立方体工件上使用关节运动指令完成模拟搬运，使用直线运动指令完成弧焊操作，在圆柱体工件上使用两种圆弧运动指令完成喷涂操作。要求使用 ALONG 指令完成整个轨迹路径的模拟运行，使用 MOVE 指令完成指定点轨迹的运行，使用 GOTO LABEL 指令完成程序的自动循环运行。

2）更换 FANCU 机器人完成该实训任务，并完成程序的后置处理。

 任务评价

根据学习情况，对照表 2-4 完成本任务的学习评价。

表 2-4　综合工作单元离线编程评价表

	评价项目	评价标准	评价结果
自我评价	创建模拟综合工作单元	A. 会	
		B. 不会	
	关节插补指令 PTP、直线插补指令 LIN 和圆弧插补指令 CIRC 的使用	A. 会	
		B. 不会	
	示教目标点	A. 会	
		B. 不会	

（续）

	评价项目	评价标准	评价结果
自我评价	应用基本指令编程	A. 独立编写	
		B. 借鉴参考	
		C. 不会	
	综合工作单元的调试运行	A. 能独立找到错误并解决问题	
		B. 在别人的帮助下解决问题	
		C. 不会	
教师评价	综合工作单元离线编程	A. 成功	
		B. 实现部分功能	
		C. 未完成	

职业能力评价表

机器人轨迹运动离线编程学习过程评价表

班级：　　　　　　　组别：　　　　　　　姓名：

项　目	评价内容	每次课评价	活动总评
职业素养评价项目（老师与观察员评价）	不迟到、不早退、仪容仪表、工作服 评价方法：全部合格为 A，一个不合格为 B，两个不合格为 C，三个不合格为 D		
	资讯（获取有效的信息）：网络、书籍、产品资料、老师、同学、相关规范及标准、其他 评价方法：两种渠道以上的为 A，两种渠道的为 B，一种渠道的为 C，无渠道的为 D		
	团队合作意识：与同学合作交流，听取同学意见，表达自己的观念，协助制订工作计划，无独自一人发呆走神现象，无抵触或不参与情况，协调小组成员，参与小组讨论 评价方法：全部合格为 A，一个不合格为 B，两个不合格为 C，三个及三个以上不合格为 D		
	6S 管理意识：学习区、施工区、资讯区 评价方法：全部合格为 A，一个不合格为 B，两个不合格为 C，三个不合格为 D		
职业能力评价项目（老师与组长评价）	当次项目完成情况： 评价方法：根据项目完成情况、工艺、速度评价，成功为 A 或 B，完成大部分为 C，未动手为 D		
	任务1：		
	任务2：		
	任务3：		

（续）

项　目	评价内容	每次课评价	活动总评
职业能力评价项目（老师与组长评价）	任务4：		
	拓展训练1：		
	拓展训练2：		
	拓展训练3：		
	拓展训练4：		
加分项目	1. 课堂积极发言一次加1分 2. 上讲台总结发言一次加2分 3. 成功组织策划课间活动一次加3分		
加分及扣分说明			
小组评语及建议	我们做到了： 我们的不足： 我们的建议：	组长签名： 　年　月　日	
总评说明及过程评价记录	评价项目说明：评A最多的总评为A＋，第二多的为A，依此类推，分别为A－、B＋、B、B－、C＋、C、C－（若无A就统计B，无B统计C，无C统计D） 评价记录： （　）组：A（　）个；B（　）个；C（　）个；D（　）个	评定等级： 教师签名： 日期：	

项目三　机器人搬运工作单元离线编程

任务一　简单搬运工作单元离线编程

学习目标

☆ 学会简单搬运工作单元的创建方法。
☆ 学会应用 EASY-ROB 基本指令编程。
☆ 学会 GRAB、RELEASE 指令的正确使用方法。
☆ 学会目标点的示教。
☆ 学会简单搬运工作单元的调试运行。

任务描述

本任务要求学生自行创建工作单元来完成简单的搬运工作，即工业机器人先将工件（Body 文件）由 A 工位搬运至 B 工位，然后再从 B 工位搬回 A 工位，完成一个循环。通过编写程序实现无限循环动作。

建议学时

4 学时。

知识准备

一、搬运机器人基本知识

1) 搬运机器人是指可以进行自动化搬运作业的工业机器人。本任务的搬运作业使用六轴工业机器人吸附工件，从一个加工工位移动到另一个加工工位。

2) 搬运机器人的出现不仅可提高产品的质量与产量，而且对保障人身安全、改善劳动环境、减轻劳动强度、提高劳动生产率、节约原材料消耗以及降低生产成本有着十分重要的意义。机器人搬运物料将成为自动化生产制造的必备环节。

3) 目前，世界上使用的搬运机器人数量与日俱增。搬运机器人被广泛地应用于机床上下料、冲压机自动化生产线、自动装配流水线、码垛搬运集装箱等自动搬运的场合。

4) 常见的搬运末端执行器有吸附式、夹钳式和仿人式等。

二、GRAB、RELEASE 指令的使用

在 EASY-ROB 的 ERCL 指令中，GRAB 为抓取指令，RELEASE 为释放指令。界面如图 3-1 所示，其中各项功能为：

1）GRAB'BodyName'：抓取 Body 文件，格式为 GRAB Body 文件名。

2）GRAB BODY_GRP：抓取 Body 文件组，执行该指令将抓取 Body 组中的所有组件。

3）GRAB DEVICE'DeviceName'：抓取 DEVICE 文件，格式为 GRAB DEVICE 文件名。

4）GRAB _ TO DEVICE'DeviceName''TargetDeviceName'：该指令用于指定被抓设备（DeviceName）和抓取设备（TargetDeviceName）。

图 3-1　ERCL 指令

三、工作单元的构成

搬运工作单元由工业机器人和工件箱（Body 文件或设备 ROB 文件）构成，本任务为了方便学生上手，没有加载工具，用机器人的法兰盘来模拟吸盘工具。

 任务实施

一、工作单元的搭建

1）加载机器人文件，机器人型号选择 Universal-Robots 的 UR-5。

2）创建 Body 文件，并将其移动到合适的位置，如图 3-2 所示。

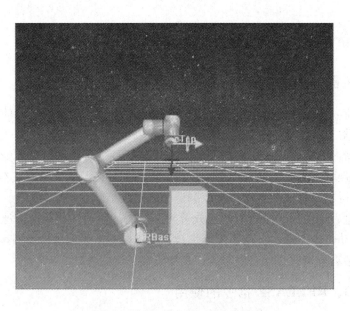

图 3-2　创建 Body 文件并调整位置

二、目标点示教

示教 4 个目标点，如图 3-3 所示。

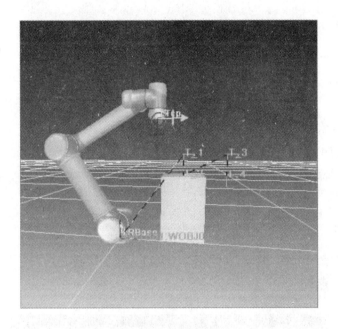

图 3-3　添加 4 个目标点

三、编写程序

编写控制程序如下：

LABEL my_Label	！程序跳转到标签位置点；
Home HOME_1	！机器人回到原点；
PTP T_1	！被搬运物体 A 工位上方位置；
LIN T_2	！被搬运物体 A 工位位置；
ERC GRAB BODY 3D_CAD1	！抓取 Body 文件；
LIN T_1	！回到上方位置；
PTP T_3	！搬运到 B 工位上方位置；
LIN T_4	！搬运到 B 工位位置；
ERC RELEASE BODY 3D_CAD1	！释放 Body 文件；
PTP T_1	
PTP T_3	
LIN T_4	
ERC GRAB BODY 3D_CAD1	
LIN T_3	
PTP T_1	

LIN T_2
ERC RELEASE BODY 3D_CAD1
LIN T_1
GOTO LABEL my_Label
写好程序后保存，加载即可。

四、调试运行

1）保存程序。
2）加载程序。
3）保存工作单元（CELL）。
4）生成 3D-PDF 文档。
5）生成 AVI 视频文件。
6）后置处理为 UR 机器人程序。

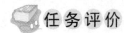 拓 展 训 练

1）新建两个大小相同、位置不同的 Body 文件，将其中一个搬运到另一个 Body 文件上模仿码垛工作，实现效果如图 3-4 所示。

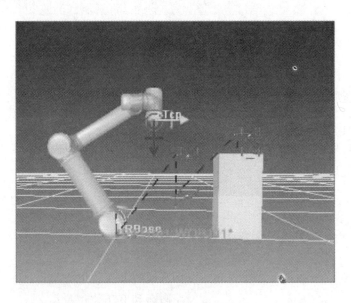

图 3-4 模仿码垛的实现效果

2）在 GRAB、RELEASE 指令后加入 WAIT 指令，延长适当的时间以保证任务的正确运行。在编程窗口中单击【Control】／【WAIT】可以快速地输入 WAIT 指令。

任 务 评 价

根据学习情况，对照表 3-1 完成本任务的学习评价。

表 3-1　简单搬运工作单元离线编程评价表

	评价项目	评价标准	评价结果
自我评价	创建简单搬运工作单元	A. 会	
		B. 不会	
	GRAB、RELEASE 的使用	A. 会	
		B. 不会	
	示教目标点	A. 会	
		B. 不会	
	应用基本指令编程	A. 独立编写	
		B. 借鉴参考	
		C. 不会	
	简单搬运工作单元的调试运行	A. 能独立找到错误并解决问题	
		B. 在别人的帮助下解决问题	
		C. 不会	
教师评价	简单搬运工作单元离线编程	A. 成功	
		B. 实现部分功能	
		C. 未完成	

任务二　码垛工作单元离线编程

 学习目标

☆ 学会码垛工作单元的创建方法。
☆ 学会目标点的示教。
☆ 学会应用基本指令编程。
☆ 学会基本工作单元的调试运行。

任务描述

本任务将完成长方体工件的搬运码垛，由六轴工业机器人加载吸盘工具完成工件的堆垛任务。根据学习规律、因材施教和分层教学的原则将任务分解为单层码垛和多层码垛，如图3-5 和图 3-6 所示。

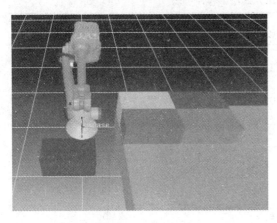
图 3-5　单层码垛

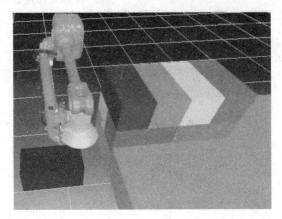
图 3-6　多层码垛

 建议学时

4 学时。

 知识准备

一、码垛机器人基本知识

1）码垛机器人是在经历了人工码垛、码垛机码垛两个阶段后出现的自动化码垛作业智能化设备。

2）码垛机器人的出现在降低劳动强度、保证人身安全、降低能耗、减少辅助设备资源、提高劳动生产率等方面具有重要意义。

3）码垛机器人可提高码垛效率，提升物流速度，获得整齐统一的堆垛，减少物料破损与浪费。因此，码垛机器人将逐步取代传统码垛机，以实现生产制造"新自动化，新无人化"。

二、码垛工作单元的构成

本工作单元将选用 ABB 工业机器人 IRB-4600-20-250 创建若干个长方形工件（Body 文件 800×400×400），加载自制的吸盘工具，完成工件的码垛。

 任务实施

一、工作单元的搭建

1）加载机器人，并调整视角，如图 3-7 和图 3-8 所示。

2）加载吸盘工具，调整机器人第五轴的角度，使吸盘工具向下，作为工作原点位置，如图 3-9 和图 3-10 所示。

3）创建长方体工件和码垛工作台，如图 3-11 所示。

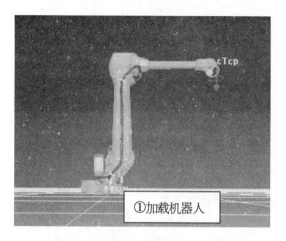

①加载机器人

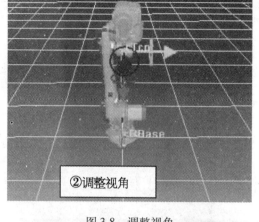

②调整视角

图 3-7　加载机器人

图 3-8　调整视角

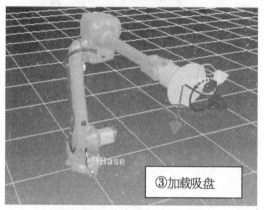

③加载吸盘

④使吸盘工具向下

图 3-9　加载吸盘

图 3-10　使吸盘工具向下

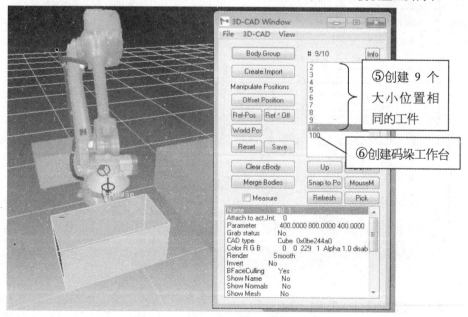

图 3-11　创建长方体工件和码垛工作台

4）设置创建的 9 个长方体工件相对于机器人基点的位置偏移，如图 3-12 所示。为了达到良好的视觉效果，将 9 个长方体工件叠加在一起，并为它们选择不同的颜色。

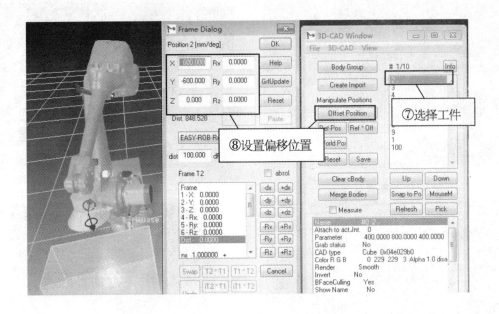

图 3-12　设置长方体工件的位置偏移和颜色

5）设置码垛工作台相对于机器人基点的位置偏移，如图 3-13 所示。

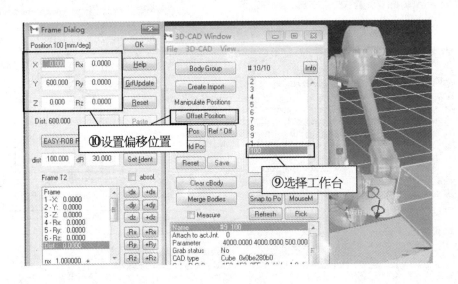

图 3-13　设置码垛工作台的位置偏移

6）工作单元布局完成，如图 3-14 所示。

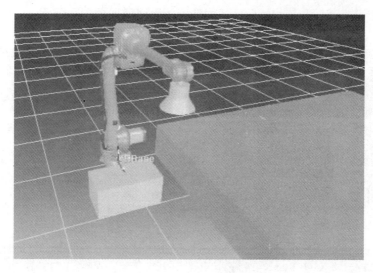

图 3-14 工作单元布局完成

二、目标点示教

方法一：通过机器人的单轴运动和多轴联动来示教所需要的目标点。由于 3D 软件中存在较大的视觉差，该方法示教的目标点准确度不够。

方法二：通过计算目标点坐标数据的方式来得到目标点的位姿数据。

1）由于长方体在 3D 软件中以角点为原点进行加载，因而位置偏移后工件上方中心点的坐标即为吸盘吸取工件的目标点，计算出来的坐标如图 3-15 所示。

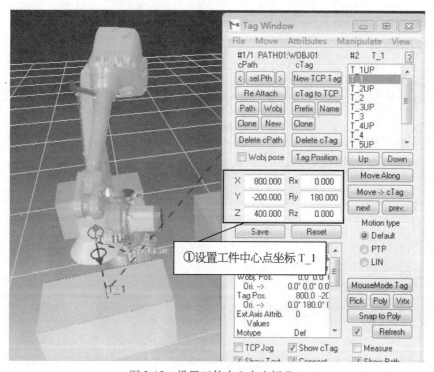

图 3-15 设置工件中心点坐标 T_1

2）采用相同的方法可计算出 T_1UP 的坐标，坐标值如图 3-16 所示。

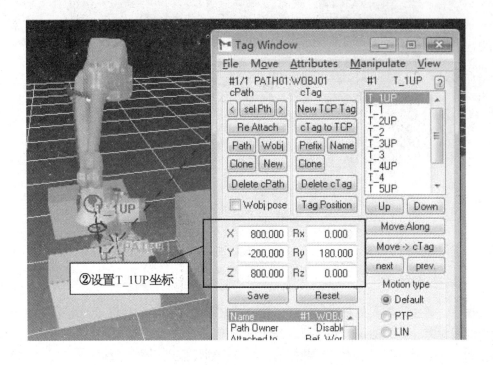

图 3-16　设置 T_1UP 坐标

3）如此可以计算出所有目标点的坐标信息。

三、程序编写

1）根据任务要求编写机器人单层码垛控制程序如下：

```
Home HOME_1              ！机器人回机械原点
！****
LIN T_WORKHOME
PTP T_1UP
LIN T_1
ERC GRAB BODY 2
LIN T_1UP
PTP T_2UP
LIN T_2
ERC RELEASE BODY 2
LIN T_2UP
！****
PTP T_1UP
LIN T_1
```

ERC GRAB BODY 3

LIN T_1UP

PTP T_3UP

LIN T_3

ERC RELEASE BODY 3

LIN T_3UP

！＊＊＊＊

PTP T_1UP

LIN T_1

ERC GRAB BODY 4

LIN T_1UP

PTP T_4UP

LIN T_4

ERC RELEASE BODY 4

LIN T_4UP

！＊＊＊＊

PTP T_1UP

LIN T_1

ERC GRAB BODY 5

LIN T_1UP

PTP T_5UP

LIN T_5

ERC RELEASE BODY 5

LIN T_5UP

Home HOME_1

PTP T_WORKHOME

2）根据任务要求编写机器人多层码垛控制程序如下；

Home HOME_1

！＊＊＊＊第一个块

PTP T_1UP

LIN T_1

ERC GRAB BODY 2

LIN T_1UP

PTP T_2UP

LIN T_2

ERC RELEASE BODY 2

LIN T_2UP

Home HOME_1

！＊＊＊＊第二个块

```
PTP T_1UP
LIN T_1
ERC GRAB BODY 3
LIN T_1UP
PTP T_3UP
LIN T_3
ERC RELEASE BODY 3
LIN T_3UP
Home HOME_1
! ****
PTP T_1UP
LIN T_1
ERC GRAB BODY 4
LIN T_1UP
PTP T_4UP
LIN T_4
ERC RELEASE BODY 4
LIN T_4UP
Home HOME_1
! ****
PTP T_1UP
LIN T_1
ERC GRAB BODY 5
LIN T_1UP
PTP T_5UP
LIN T_5
ERC RELEASE BODY 5
LIN T_5UP
Home HOME_1
! ****
PTP T_1UP
LIN T_1
ERC GRAB BODY 6
LIN T_1UP
PTP T_6UP
LIN T_6
ERC RELEASE BODY 6
LIN T_6UP
Home HOME_1
```

```
！****
PTP T_1UP
LIN T_1
ERC GRAB BODY 7
LIN T_1UP
PTP T_7UP
LIN T_7
ERC RELEASE BODY 7
LIN T_7UP
Home HOME_1
！****
PTP T_1UP
LIN T_1
ERC GRAB BODY 8
LIN T_1UP
PTP T_8UP
LIN T_8
ERC RELEASE BODY 8
LIN T_8UP
Home HOME_1
！****
PTP T_1UP
LIN T_1
ERC GRAB BODY 9
LIN T_1UP
PTP T_9UP
LIN T_9
ERC RELEASE BODY 9
LIN T_9UP
Home HOME_1
```

四、调试运行

1）保存程序。

2）加载程序。

3）保存工作单元（CELL）。

4）生成3D-PDF文档。

5）生成AVI视频文件。

工作单元经过仿真运行调试，实现效果如图3-17和图3-18所示。

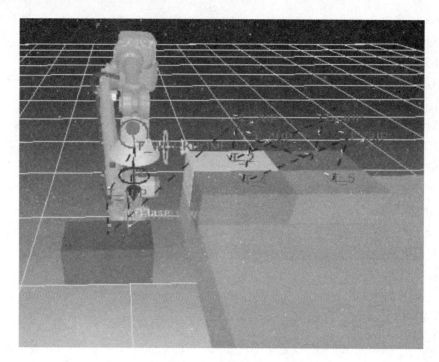

图 3-17　实现效果 1

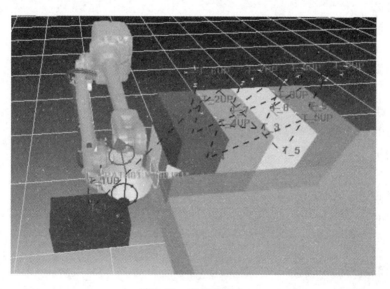

图 3-18　实现效果 2

拓展训练

1）选用 KUKA 码垛机器人，自行完成工作单元的创建、程序编写、工作单元的运行调试，要求完成码垛垛型为 3×3×3 的机器人码垛。

2）选用 FANCU 码垛机器人，自行完成工作单元的创建、程序编写、工作单元的运行调试，要求完成码垛垛型为 4×4×4 的机器人码垛。

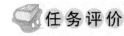 **任务评价**

根据学习情况，对照表 3-2 完成本任务的学习评价。

表 3-2 码垛工作单元离线编程评价表

	评价项目	评价标准	评价结果
自我评价	创建码垛工作单元	A. 会	
		B. 不会	
	讲述码垛工作单元的构成	A. 能	
		B. 不能	
	示教目标点	A. 会	
		B. 不会	
	应用基本指令编程	A. 独立编写	
		B. 借鉴参考	
		C. 不会	
	码垛工作单元的调试运行	A. 能独立找到错误并解决问题	
		B. 在别人的帮助下解决问题	
		C. 不会	
教师评价	码垛工作单元离线编程	A. 成功	
		B. 实现部分功能	
		C. 未完成	

任务三 带传送带搬运工作单元离线编程

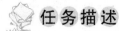 **学习目标**

☆ 学会带传送带搬运工作单元的创建方法。
☆ 学会目标点的示教。
☆ 学会应用基本指令编程。
☆ 学会带传送带搬运工作单元的调试运行。
☆ 学会工作单元中的机器人编程和设备编程。
☆ 学会同一工作单元中不同机器人文件之间的通信及编程调试。

任务描述

1) 本任务将完成带传送带搬运工作任务，由六轴机器人完成工件从 A 工位到传送带 B 工位的搬运操作，然后传送带将工件从 B 工位传送到 C 工位。

2) 传送带将工件从 C 工位反向传送到 B 工位，六轴机器人将工件从 B 工位搬运回 A 工位，完成一个循环。效果如图 3-19 所示。

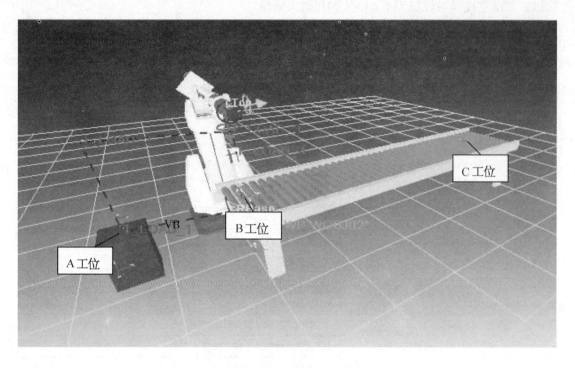

图 3-19　传送带搬运效果

 建 议 学 时

4 学时。

 知 识 准 备

1）在 EASY-ROB 软件中可以对机器人和设备进行编程。本实训任务用到两个机器人文件，一个是六轴的通用工业机器人，另一个是单轴的传送带设备，这两个机器人文件都支持 EASY-ROB 程序编写。

2）六轴机器人和传送带设备之间的通信模拟实际的 I/O 通信方式，即在初始化时定义好信号并复位该信号，当六轴机器人完成任务后，置位六轴机器人的输出信号，传送带设备接收到该信号后动作，当传送带动作完成后同样置位一个信号，六轴机器人接收到该信号后开始工作，从而实现机器人和传送带设备之间的通信。

任 务 实 施

一、搬运工作单元的构成

本搬运工作单元包含 3 个机器人文件，分别是 ER431 六轴机器人（见图 3-20）、CONVEYOR-BIG 传送带设备（见图 3-21）以及 BOX_TUTORIAL 被搬运工件（见图 3-22），具体名称如图 3-23 所示。

图 3-20　六轴机器人

图 3-21　传送带设备

图 3-22　工件

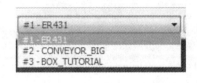

图 3-23　搬运工作单元的构成

二、工作单元的创建

1. 加载六轴工业机器人

1）加载机器人文件，机器人选择 ER431。

2）根据实际工作需要调整机器人的位置，双击"ROBOT BASE"，进入 Base Pos 设置。

3）在机器人参数设置窗口输入给定值，机器人基座坐标原点沿 X 轴负方向平移 500mm，如图 3-24 所示。

4）保存修改信息，操作步骤如图 3-25 所示。

2. 加载传送带设备

1）打开传送带存放目录，加载传送带设备机器人文件"conveyor_big. rob"。

2）加载文件成功，出现图 3-26 所示界面。

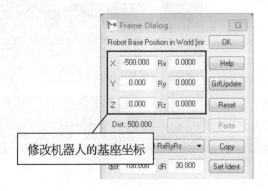

图 3-24　设置机器人的基座坐标

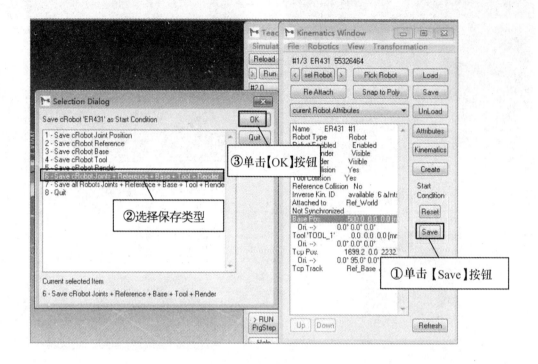

图 3-25　保存修改信息

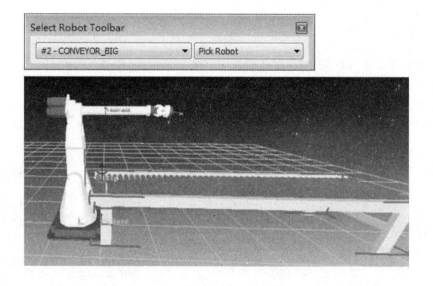

图 3-26　加载传送带设备

3）根据实际工作需要调整传送带的位置，操作步骤如图 3-27 和图 3-28 所示。

图 3-27　选择传送带

3. 加载或创建工件

1）打开存放目录，加载工件文件"BOX_TUTORIAL. rob"。也可通过 3D-CAD 建模工具创建一个 500 × 500 × 700 的 Body 文件（工件）。

2）工件定位，根据实际需要调整工件位置，如图 3-29 所示。

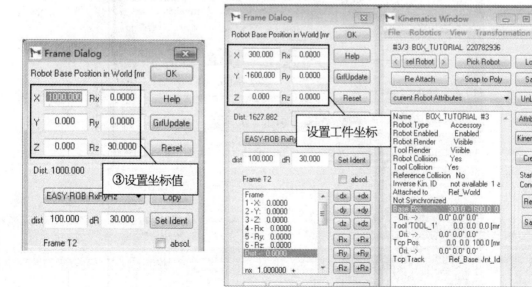

图 3-28　调整传送带的位置　　　　　　　　图 3-29　调整工件位置

三、目标点示教

1）打开目标点窗口，新建 TCP 标签。

2）根据任务要求新建路径。因为本任务用到两个机器人文件，需要对两个机器人文件进行编程处理。为了方便管理，建立两条路径，一条路径保存六轴机器人的目标点信息，另一条路径保存传送带的目标点信息。操作步骤如图 3-30 所示。

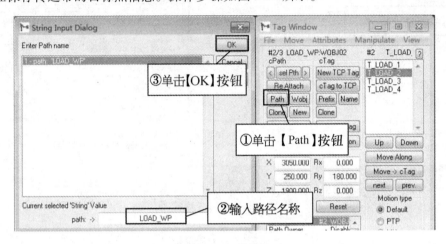

图 3-30   新建路径

3）目标点可以保存为目标点文件，方便在后续的工作单元中直接加载使用。操作方法如图 3-31 所示。

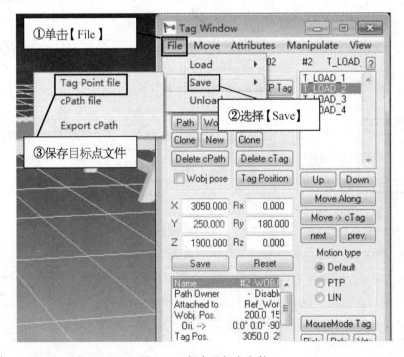

图 3-31   保存目标点文件

4）加载目标点文件的方法为单击【SEL TAG】按钮，出现目标窗口，单击【File】选择加载目标点文件。

四、程序编写

1. 六轴机器人程序的编写

```
ProgramFile
! cRobot 'ER431'
! Below section is called once at t = 0
! Add Initialization commands here
rob01_out = 0
! Enables the recording of data for 'ER431' for the History-Diagram
ERC HISTORY_DEVICE ON
EndInit
! Below section is called at t > 0
! Add new ERPL / ERCL commands here
! Set Default SPEEDs and ACCELs
SPEED_PTP_AX 20. 0000 20. 0000 20. 0000 20. 0000 20. 0000 20. 0000
ACCEL_PTP_AX 40. 0000 40. 0000 40. 0000 40. 0000 40. 0000 40. 0000
SPEED_CP 0. 1000 0. 0
ACCEL_CP 0. 2000
SPEED_ORI 20. 0000 0. 0
ACCEL_ORI 40. 0000
OV_PRO 100. 0000
ERC NO_DECEL OFF
ZONE 0. 0000
! Start of History-Diagram recording
! Output file: 'robot_conv_history_diagram_01_history. hst'
ERC HISTORY_OUTPUT ON
Home HOME_1
PTP T_LOAD_2
PTP T_LOAD_1
ERC GRAB DEVICE BOX_TUTORIAL
PTP T_LOAD_2
PTP T_LOAD_3
PTP T_LOAD_4
ERC RELEASE DEVICE BOX_TUTORIAL
Home HOME_1
WAIT_UNTIL_SIGNAL_UNSET rob01_out
rob01_out = 1
```

WAIT_UNTIL_SIGNAL_SET conv_out

conv_out = 0

PTP T_LOAD_4

ERC GRAB DEVICE BOX_TUTORIAL

PTP T_LOAD_3

PTP T_LOAD_2

PTP T_LOAD_1

ERC RELEASE DEVICE BOX_TUTORIAL

PTP T_LOAD_2

Home 1

! Do not stop the output manual, it will be stopped automatically

! at the end of the complete simulation

! ERC HISTORY_OUTPUT OFF

!

EndProgramFile

2. 传送带程序的编写

ProgramFile

! cRobot 'CONVEYOR_BIG'

! Below section is called once at t = 0

! Add Initialization commands here

conv_out = 0

! Enables the recording of data for 'CONVEYOR_BIG' for the History-Diagram

ERC HISTORY_DEVICE ON

EndInit

! Below section is called at t > 0

! Add new ERPL / ERCL commands here

! Set Default SPEEDs and ACCELs

SPEED_PTP_AX 0. 7500

ACCEL_PTP_AX 0. 2000

SPEED_CP 0. 7500 0. 0

ACCEL_CP 0. 2000

SPEED_ORI 20. 0000 0. 0

ACCEL_ORI 40. 0000

OV_PRO 100. 0000

ERC NO_DECEL OFF

ZONE 0. 0000

! ---------

Home HOME_1

WAIT_UNTIL_SIGNAL_SET rob01_out

rob01_out = 0

ERC GRAB DEVICE BOX_TUTORIAL

PTP T_CONV_2

PTP T_CONV_1

ERC RELEASE DEVICE BOX_TUTORIAL

WAIT_UNTIL_SIGNAL_UNSET conv_out

conv_out = 1

EndProgramFile

五、调试运行

1）保存程序。

2）加载程序。

3）保存工作单元（CELL）。

4）生成 3D-PDF 文档。

5）生成 AVI 视频文件。

工作单元经过仿真运行调试，实现效果如图 3-32 所示。

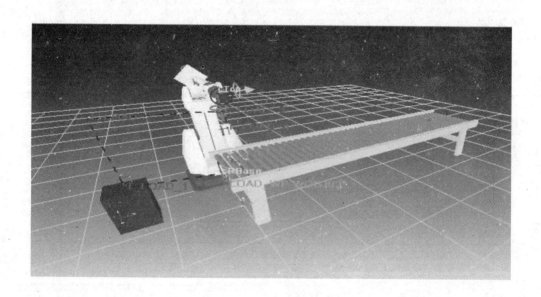

图 3-32　传送带搬运的实现效果

 拓展训练

增加一个机器人和一条传送带，实现多机器人完成工件转运的任务，如图 3-33 所示。

图 3-33　多机器人搬运效果

任务评价

根据学习情况，对照表 3-3 完成本任务的学习评价。

表 3-3　带传送带搬运工作单元离线编程评价表

	评价项目	评价标准	评价结果
自我评价	创建带传送带搬运工作单元	A. 会	
		B. 不会	
	工作单元中的机器人编程和设备编程	A. 会	
		B. 不会	
	同一工作单元中不同机器人文件之间的通信编程	A. 会	
		B. 不会	
	编写带传送带搬运工作单元控制程序	A. 独立编写	
		B. 借鉴参考	
		C. 不会	
	带传送带搬运工作单元的调试运行	A. 能独立找到错误并解决问题	
		B. 在别人的帮助下解决问题	
		C. 不会	
教师评价	带传送带搬运工作单元离线编程	A. 成功	
		B. 实现部分功能	
		C. 未完成	

任务四　带外轴搬运工作单元离线编程

 学习目标

☆ 学会带外轴搬运工作单元的创建方法。

☆ 学会目标点的示教。

☆ 学会应用基本指令编程。

☆ 学会带外轴搬运工作单元的调试运行。

任务描述

本任务要求完成带外轴的机器人搬运工件工作，由带外轴的六轴工业机器人加载吸盘工具完成工件的抓取，并通过机器人在外轴上移动，从而实现将工件由 A 点搬运至 B 点的工作过程。效果如图 3-34 和图 3-35 所示。

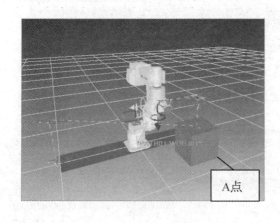

图 3-34　工件处于 A 点

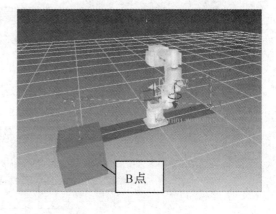

图 3-35　工件搬运至 B 点

 建议学时

4 学时。

知识准备

1）工作单元的构成：本工作单元选用 FANUC 工业机器人 ARCMATE-100 完成工件的搬运。

2）带外轴的机器人文件属性设置：带外轴的机器人文件在目标窗口增加了两个属性，使用时需要先设置外轴的属性。设置过程如图 3-36 ~ 图 3-41 所示。

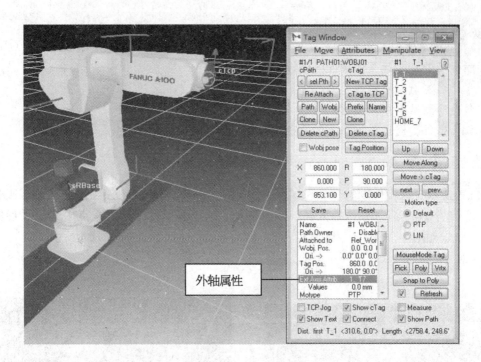

图 3-36　设置外轴属性

图 3-37　改变外轴数目和属性

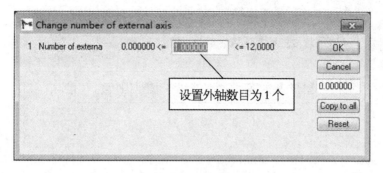

图 3-38 设置外轴数目

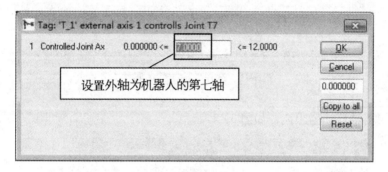

图 3-39 外置外轴序号

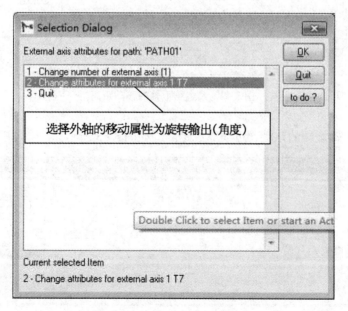

图 3-40 选择外轴的移动属性 1

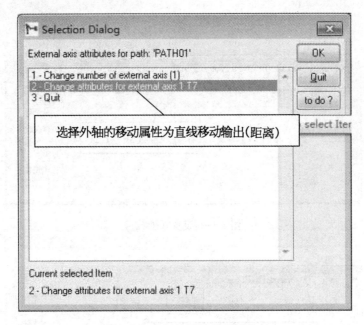

图 3-41 选择外轴的移动属性 2

3）设定第七轴移动的距离，如图 3-42 所示。

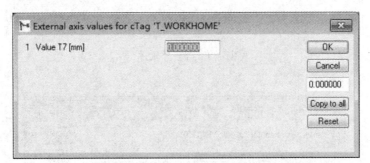

图 3-42 设置第七轴的移动距离

4）设定第七轴旋转的角度，可换算成距离，如图 3-43 所示。

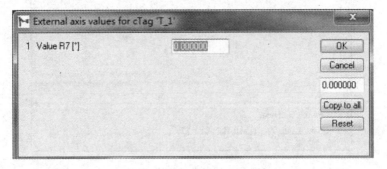

图 3-43 设置第七轴的旋转角度

任务实施

一、工作单元的搭建

1）加载机器人文件。机器人选择带外轴的 FANUC 工业机器人 ARCMATE-100，如图 3-44 所示。

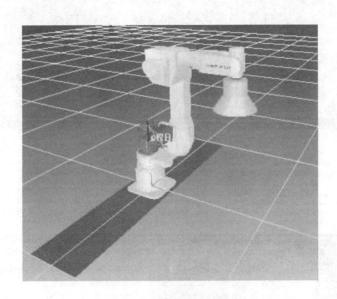

图 3-44　带外轴的机器人

2）创建正方体工件，并根据工作需要设定好偏移位置，如图 3-45 所示。

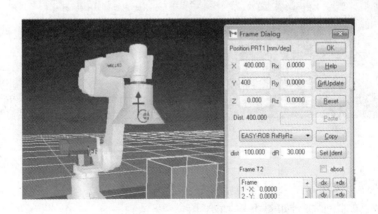

图 3-45　创建正方体工件并设定偏移位置

二、目标点示教

示教 5 个目标点，如图 3-46 所示。

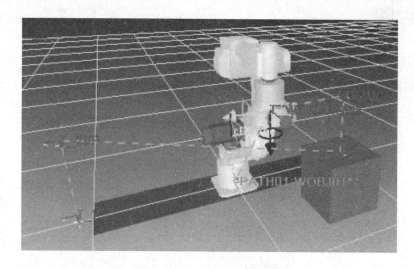

图 3-46　示教 5 个目标点

1）T_1 点的位置数据如图 3-47 所示。

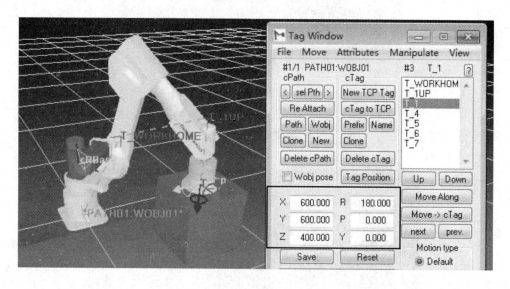

图 3-47　设置 T_1 点的位置坐标

2）T_1UP 点的位置数据如图 3-48 所示。
3）T_2UP 点的位置数据如图 3-49 所示。
4）T_2 点的位置数据如图 3-50 所示。

三、程序编写

Home HOME_1
PTP T_WORKHOME

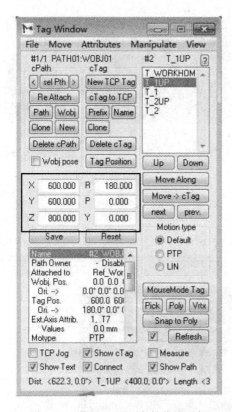

图 3-48　设置 T_1UP 点的位置坐标

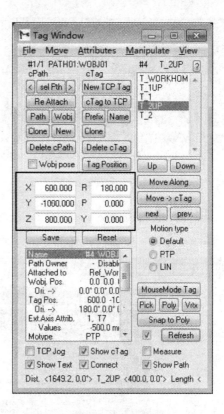

图 3-49　设置 T_2UP 点的位置坐标

PTP T_1UP

LIN T_1

ERC GRAB BODY PRT1

LIN T_1UP

PTP T_2UP

LIN T_2

ERC RELEASE BODY PRT1

LIN T_2UP

PTP T_WORKHOME

写好程序后保存，需要时加载即可。

四、调试运行

1) 保存程序。

2) 加载程序。

3) 保存工作单元（CELL）。

4) 生成 3D-PDF 文档。

5) 生成 AVI 视频文件。

仿真调试后的实现效果如图 3-51 和图 3-52 所示。

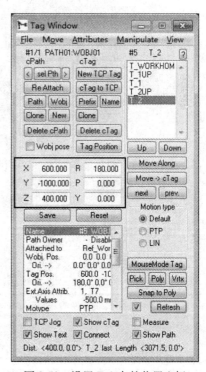

图 3-50　设置 T_2 点的位置坐标

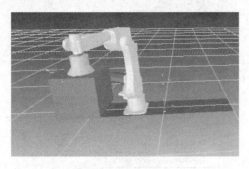
图 3-51 实现效果 1

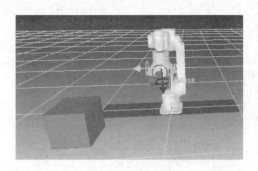
图 3-52 实现效果 2

 拓展训练

增加传送带,实现带外轴的机器人加传送带搬运工作站的创建与编程,效果如图 3-53 所示。

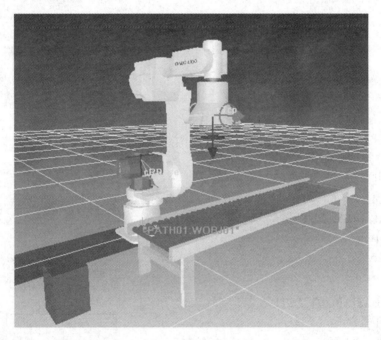

图 3-53 增加传送带后的搬运效果

 任务评价

根据学习情况,对照表 3-4 完成本任务的学习评价。

表 3-4 带外轴搬运工作单元离线编程评价表

	评价项目	评价标准	评价结果
自我评价	创建带外轴搬运工作单元	A. 会	
		B. 不会	
	示教目标点	A. 会	
		B. 不会	

（续）

	评价项目	评价标准	评价结果
自我评价	应用基本指令编程	A. 独立编写	
		B. 借鉴参考	
		C. 不会	
	带外轴搬运工作单元的调试运行	A. 能独立找到错误并解决问题	
		B. 在别人的帮助下解决问题	
		C. 不会	
教师评价	带外轴搬运工作单元离线编程	A. 成功	
		B. 实现部分功能	
		C. 未完成	

职业能力评价表

机器人搬运工作单元离线编程学习过程评价表

班级：　　　　　　组别：　　　　　　姓名：

项目	评价内容	每次课评价	活动总评
职业素养评价项目（老师与观察员评价）	不迟到、不早退、仪容仪表、工作服 评价方法：全部合格为A，一个不合格为B，两个不合格为C，三个不合格为D		
	资讯（获取有效的信息）：网络、书籍、产品资料、老师、同学、相关规范及标准、其他 评价方法：两种渠道以上的为A，两种渠道的为B，一种渠道的为C，无渠道的为D		
	团队合作意识：与同学合作交流，听取同学意见，表达自己的观念，协助制订工作计划，无独自一人发呆走神现象，无抵触或不参与情况，协调小组成员，参与小组讨论 评价方法：全部合格为A，一个不合格为B，两个不合格为C，三个及三个以上不合格为D		
	6S管理意识：学习区、施工区、资讯区 评价方法：全部合格为A，一个不合格为B，两个不合格为C，三个不合格为D		
职业能力评价项目（老师与组长评价）	当次项目完成情况： 评价方法：根据项目完成情况、工艺、速度评价，成功为A或B，完成大部分为C，未动手为D		
	任务1：		
	任务2：		
	任务3：		

（续）

项　目	评价内容	每次课评价	活动总评
职业能力评价项目（老师与组长评价）	任务4：		
	拓展训练1：		
	拓展训练2：		
	拓展训练3：		
	拓展训练4：		
加分项目	1. 课堂积极发言一次加1分 2. 上讲台总结发言一次加2分 3. 成功组织策划课间活动一次加3分		
加分及扣分说明			
小组评语及建议	我们做到了： 我们的不足： 我们的建议：	组长签名： 　　年　月　日	
总评说明及过程评价记录	评价项目说明：评A最多的总评为A+，第二多的为A，依此类推，分别为A－、B+、B、B－、C+、C、C－（若无A就统计B，无B统计C，无C统计D） 评价记录： （　）组：A（　）个；B（　）个；C（　）个；D（　）个	评定等级： 教师签名： 日期：	

项目四 机器人焊接工作单元离线编程

任务一 点焊工作单元离线编程

 学习目标

☆ 学会点焊工作单元的创建方法。

☆ 学会目标点的示教。

☆ 学会应用基本指令编程。

☆ 学会点焊工作单元的调试运行。

任务描述

本任务将使用 KUKA 焊接机器人 KR-90-R3100-EXTRA 完成车身门框架处的点焊工作，效果如图 4-1 所示。

图 4-1 焊接机器人的点焊效果

 建议学时

4 学时。

 知识准备

一、点焊基础知识

1）点焊是指通过焊接设备的电极施加压力，并在接通电源时在工件接触点及邻近区域产生电阻热来加热工件，在外力作用下完成工件的连接。

2）点焊广泛应用于汽车、土木建筑、家电产品、电子产品和铁路机车等相关领域。点焊比较适合运用于薄板焊接领域，更适合运用于工业机器人的自动化生产。

3）机器人点焊需要根据焊接对象的性质及焊接工艺要求，利用点焊机器人完成点焊过程。点焊工作站除了点焊机器人外，还包括焊接控制系统和焊钳等焊接附属装置。

二、点焊机器人的选型

1）机器人的运动半径要足够到达焊接工作空间。

2）点焊速度要与生产线速度匹配。

3）点焊机器人要求容量大、精度高。

4）点焊机器人要有足够大的负载，因为机器人的末端工具焊钳较重。

5）点焊机器人具备与焊枪通信的接口。

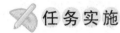 任务实施

一、工作单元的构成

该点焊工作单元由点焊机器人、焊枪（工具）、车身（工件）、夹具（车身固定装置）构成，如图4-2～图4-6所示。

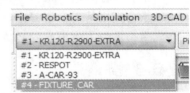

图4-2　点焊工作单元的构成

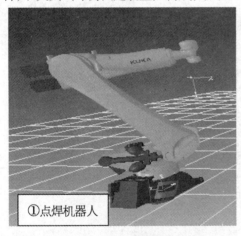

①点焊机器人

图4-3　点焊机器人

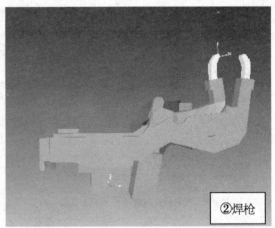

②焊枪

图4-4　焊枪

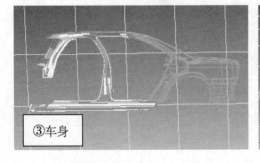

③车身

图4-5　车身

④夹具

图4-6　夹具

二、工作单元的搭建

1. 从库中调用焊接工作台

焊接工作台的路径为：安装目录＼EASY-ROB＼TrainLib＼base. cel，双击 cel 文件或单击【Load】按钮进行加载，如图 4-7 所示。

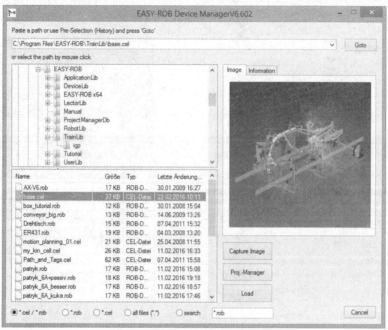

图 4-7　加载焊接工作台

如果调用工作单元成功，会出现信息"Load Cell File From Libary Successful"。调用成功后的界面如图 4-8 所示。

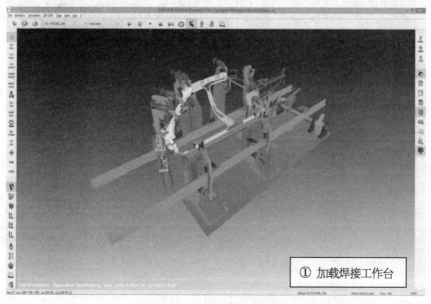

① 加载焊接工作台

图 4-8　调用单元文件成功

2. 机器人文件的加载

选择 KUKA 的 KR-90-R3100-EXTRA.rob 机器人文件，如图 4-9 所示。

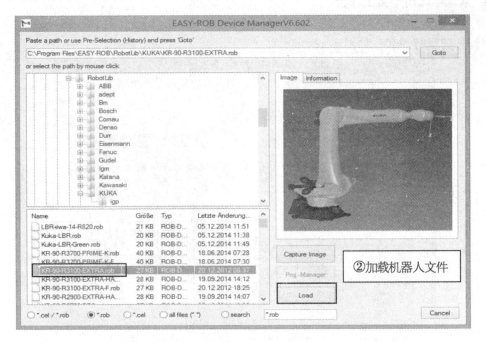

图 4-9　选择机器人文件

调用成功后如图 4-10 所示。

图 4-10　调用机器人文件成功

1）调整机器人的基座位置，坐标值如图 4-11 所示。

图 4-11　调整机器人的基座坐标

2）调整机器人的姿态，如图 4-12 所示。

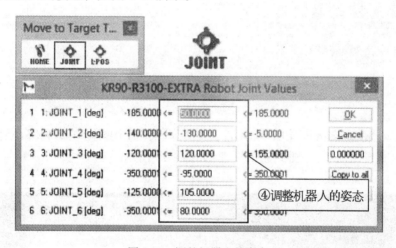

图 4-12　调整机器人的姿态

调整好位姿后，机器人呈现如图 4-13 所示的效果。

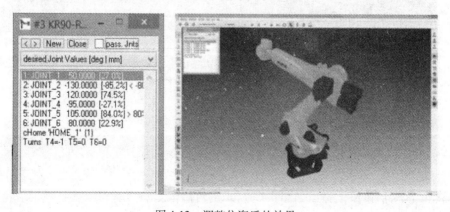

图 4-13　调整位姿后的效果

3. 焊枪工具的加载

1）加载焊枪工具文件，方法如图 4-14 所示。

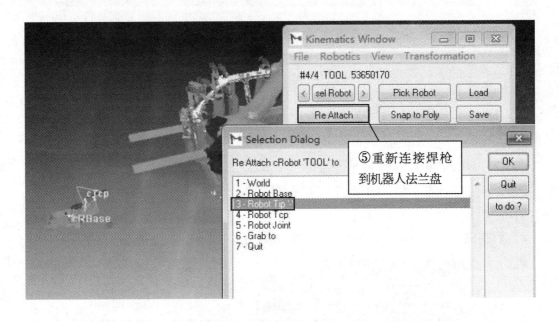

图 4-14　加载焊枪工具文件

2）打开运动学窗口选择【Re Attach】，会提示重新连接焊枪工具到哪个机器人的法兰（Robot Tip），选择 KUKA 六轴焊接机器人，如图 4-15 所示。

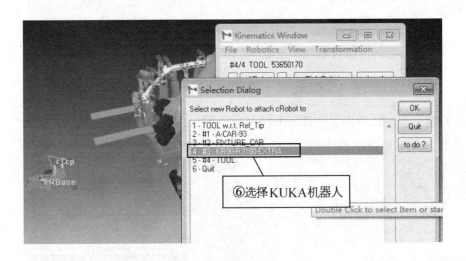

图 4-15　选择焊枪工具的焊接目标

3）单击【OK】按钮，弹出如图 4-16 所示的对话框。

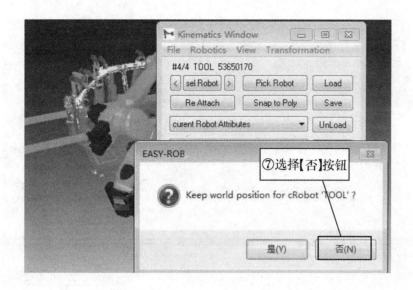

图 4-16　提示信息

4）单击【否】按钮，焊枪工具文件被加载到六轴机器人的法兰盘上。焊枪加载后的效果如图 4-17 所示。

图 4-17　焊枪加载成功

5）加载工具文件（TOOL. tol）。到目前为止，焊枪已经加载到六轴机器人的法兰盘上，但六轴机器人的 TCP 并没有转移到焊钳末端。加载工具文件（TOOL. tol）后，TCP 会自动设置到焊钳末端中心点，如图 4-18 所示。

图 4-18　加载工具文件

6）工作单元搭建完成，效果如图 4-19 所示。

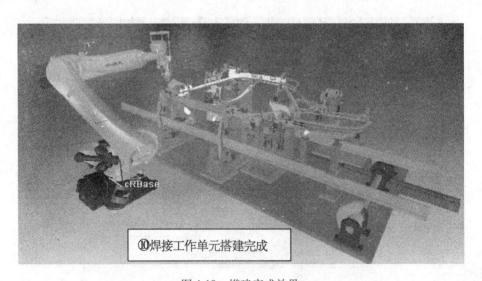

图 4-19　搭建完成效果

三、目标点示教

1. 单个焊接点的示教
通过机器人关节运动和线性运动示教目标点，并记录位置数据，如图 4-20 所示。

2. 多个焊点工作单元的示教
在单个焊点的基础上增加多个焊点，其示教方法与单个焊点相同，如图 4-21 所示。

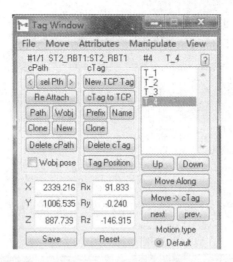

图 4-20　单个焊点的示教

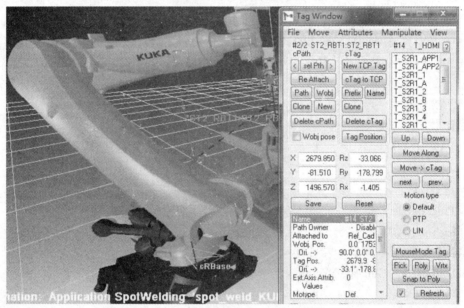

图 4-21　多个焊点的示教

四、程序编写

1. 单点焊接程序

（1）焊枪程序

ProgramFile

! cRobot 'RESPOT'

! Below section is called once at t = 0

! Add Initialization commands here

GUN_02_DOUT = 0

EndInit

```
! Below section is called at t > 0
! Add new ERPL/ERCL commands here
! Set Default SPEEDs and ACCELs
SPEED_PTP_OV 50. 0000
SPEED_CP_OV 80. 0000
SPEED_ORI_OV 80. 0000
ACCEL_PTP_OV 100. 0000
ACCEL_CP_OV 100. 0000
ACCEL_ORI_OV 100. 0000
OV_PRO 100. 0000
ERC NO_DECEL OFF
ZONE 0. 0000
! ---------
! first time, make sure that Robot is not active
WAIT_UNTIL_SIGNAL_SET R02_DOUT      ! 等待信号置位指令, 即等待 R02_DOUT = 1;
WHILE R02_RUNNING                    ! WHILE 语句, 当 R02_RUNNING 为真, 即
                                       R02_RUNNING = 1 时;
PTP_AX 0. 000                        ! 焊钳运动到张开位置;
WAIT 1. 0
PTP_AX 10. 0000                      ! 焊钳运动到夹紧位置,模拟点焊工艺;
call do_rob_io( )                    ! 调用子程序 do_rob_io( );
ENDWHILE
EndProgramFile
Fct do_rob_io( )
! ----------------------------------------
! tell Rob1 that Gun's job is done
! ----------------------------------------
GUN_02_DOUT = 1
! ----------------------------------------
! wait for signal that Rob got the done message
! ----------------------------------------
WAIT_UNTIL_SIGNAL_UNSET R02_DOUT
GUN_02_DOUT = 0
! ----------------------------------------
! wait for signal that Rob is in position
! ----------------------------------------
WAIT_UNTIL_SIGNAL_SET R02_DOUT
EndFct
```

（2）六轴机器人程序

```
ProgramFile
R02_DOUT = 0
R02_RUNNING = 1
EndInit
SPEED_PTP_OV 50. 0000
SPEED_CP_OV 80. 0000
SPEED_ORI_OV 80. 0000
ACCEL_PTP_OV 100. 0000
ACCEL_CP_OV 100. 0000
ACCEL_ORI_OV 100. 0000
OV_PRO 100. 0000
ERC NO_DECEL OFF
ZONE 0. 0000
ERC FLOOR OFF
ERC LOAD VIEW spot_weld_01. vie
ERC TAG_TEXT OFF
SPEED_CP 0. 1000
! first time, make sure that GUN is not active
WAIT_UNTIL_SIGNAL_UNSET GUN_02_DOUT     ! 等行 GUN_02_DOUT 信号复位，即
                                          GUN_02_DOUT = 0；

WHILE R02_RUNNING
LIN T_1
LIN T_2
LIN T_3
LIN T_4
call do_weld( )
LIN T_1
R02_RUNNING = 0
R02_DOUT = 0
ENDWHILE
!
EndProgramFile
Fct do_weld( )
! ----------------------------------------
! tell Gun that Rob2 is in position
! ----------------------------------------
R02_DOUT = 1
! ----------------------------------------
! wait for signal that Gun's job is done
```

```
! ----------------------------------------
WAIT_UNTIL_SIGNAL_SET GUN_02_DOUT
R02_DOUT = 0
```

2. 多个焊点焊接程序

采用子程序调用的方法进行模块化编程。

（1）六轴机器人程序

```
ProgramFile
! Below section is called once at t = 0
! Add Initialization commands here
R02_DOUT = 0
R02_RUNNING = 1
!
EndInit
! Below section is called at t > 0
! Add new ERPL/ERCL commands here
! Set Default SPEEDs and ACCELs
SPEED_PTP_OV 50. 0000
SPEED_CP_OV 80. 0000
SPEED_ORI_OV 80. 0000
ACCEL_PTP_OV 100. 0000
ACCEL_CP_OV 100. 0000
ACCEL_ORI_OV 100. 0000
OV_PRO 100. 0000
ERC NO_DECEL OFF
ZONE 0. 0000
! ---------
ERC FLOOR OFF
ERC LOAD VIEW spot_weld_01. vie
ERC TAG_TEXT OFF
SPEED_CP 0. 1000
! first time, make sure that GUN is not active
WAIT_UNTIL_SIGNAL_UNSET GUN_02_DOUT
WHILE R02_RUNNING
PTP T_HOME_1
LIN T_S2R1_APP1
LIN T_S2R1_APP2
LIN T_S2R1_1
call do_weld( )
LIN T_S2R1_A
```

```
call do_weld( )
LIN T_S2R1_2
call do_weld( )
LIN T_S2R1_B
call do_weld( )
LIN T_S2R1_3
call do_weld( )
LIN T_S2R1_4
call do_weld( )
LIN T_S2R1_C
LIN T_S2R1_8
call do_weld( )
LIN T_S2R1_D
LIN T_S2R1_9
call do_weld( )
LIN T_S2R1_E
LIN T_HOME_1
R02_RUNNING = 0
R02_DOUT = 1
ENDWHILE
!
EndProgramFile
Fct do_weld( )
!
! ----------------------------------------
! tell Gun that Rob2 is in position
! ----------------------------------------
R02_DOUT = 1
! ----------------------------------------
! wait for signal that Gun's job is done
! ----------------------------------------
WAIT_UNTIL_SIGNAL_SET GUN_02_DOUT
R02_DOUT = 0
WAIT_UNTIL_SIGNAL_UNSET GUN_02_DOUT
!
EndFct
```

（2）编写焊钳程序

```
ProgramFile
! cRobot 'RESPOT'
```

```
! Below section is called once at t = 0
! Add Initialization commands here
GUN_02_DOUT = 0
EndInit
! Below section is called at t > 0
! Add new ERPL/ERCL commands here
! Set Default SPEEDs and ACCELs
SPEED_PTP_OV 50. 0000
SPEED_CP_OV 80. 0000
SPEED_ORI_OV 80. 0000
ACCEL_PTP_OV 100. 0000
ACCEL_CP_OV 100. 0000
ACCEL_ORI_OV 100. 0000
OV_PRO 100. 0000
ERC NO_DECEL OFF
ZONE 0. 0000
! ---------
! first time, make sure that Robot is not active
WAIT_UNTIL_SIGNAL_SET R02_DOUT
WHILE R02_RUNNING
PTP_AX 0. 000
WAIT 1. 0
PTP_AX 10. 0000
call do_rob_io( )
ENDWHILE
EndProgramFile
Fct do_rob_io( )
! ----------------------------------------
! tell Rob1 that Gun's job is done
! ----------------------------------------
GUN_02_DOUT = 1
! ----------------------------------------
! wait for signal that Rob got the done message
! ----------------------------------------
WAIT_UNTIL_SIGNAL_UNSET R02_DOUT
GUN_02_DOUT = 0
! ----------------------------------------
! wait for signal that Rob is in position
! ----------------------------------------
```

WAIT_UNTIL_SIGNAL_SET R02_DOUT

EndFct

！END PRGFILE

五、调试运行

1）保存程序。

2）加载程序。

3）保存工作单元（CELL），如图 4-22 所示。

4）生成 3D-PDF 文档。

5）生成 AVI 视频文件。

6）根据实际生产需要进行后置处理。

图 4-22　保存工作单元

 拓展训练

1）选用 ABB 机器人完成机器人点焊任务。

2）选用 FANCU 机器人完成机器人点焊任务。

3）选用安川机器人完成机器人点焊任务。

 任务评价

根据学习情况，对照表 4-1 完成本任务的学习评价。

表 4-1　机器人点焊工作单元离线编程评价表

	评价项目	评价标准	评价结果
自我评价	创建点焊工作单元	A. 会	
		B. 不会	
	描述点焊工作单元的构成	A. 能	
		B. 不能	

（续）

	评价项目	评价标准	评价结果
自我评价	示教目标点	A. 会	
		B. 不会	
	应用基本指令编程	A. 独立编写	
		B. 借鉴参考	
		C. 不会	
	点焊工作单元的调试运行	A. 能独立找到错误并解决问题	
		B. 在别人的帮助下解决问题	
		C. 不会	
教师评价	点焊工作单元离线编程	A. 成功	
		B. 实现部分功能	
		C. 未完成	

任务二　弧焊工作单元离线编程

 学习目标

☆ 学会弧焊工作单元的创建方法。
☆ 学会目标点的示教。
☆ 学会应用基本指令编程。
☆ 学会弧焊工作单元的调试运行。

 任务描述

本任务将选用一台六轴弧焊机器人 AV-V6L. rob 和一台变位机协调工作以完成工件的弧焊操作。

 建议学时

4 学时。

 知识准备

一、弧焊基础知识

电弧焊是目前应用最广泛的焊接方式，绝大部分电弧焊是以电极与工件之间燃烧的电弧作为热源，使金属熔化，从而形成焊缝。机器人弧焊是指根据焊接对象的性质及焊接工艺要求，利用焊接机器人完成电弧焊接的过程。一般工业机器人弧焊工作站包括弧焊机器人、焊接系统以及变位机等各种焊接附属装置。

二、弧焊机器人的选型

选择弧焊机器人时，应根据焊接工件的形状和大小来选择机器人的工作范围，同时要考虑工作效率和成本选择机器人的自由度和负载能力。要优先选择具备内置弧焊程序的工业机器人，便于程序的编制和调试；优先选择能够在上臂内置焊枪电缆，底部还可以内置焊接地线电缆及保护气气管的机器人。

 任务实施

一、工作单元的搭建

1. 焊接机器人导轨的加载

加载 TRACK-01.rob 导轨机器人文件，如图 4-23 和图 4-24 所示。

图 4-23　加载导轨机器人文件

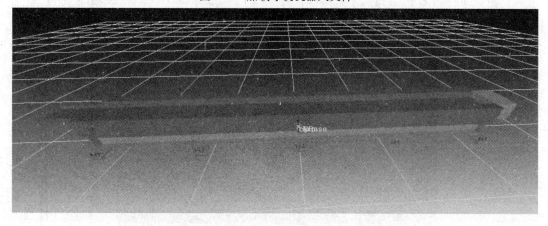

图 4-24　加载后效果

2. 带附加轴焊接机器人的加载

加载 AV-V6L.rob 机器人文件，如图 4-25 和图 4-26 所示。

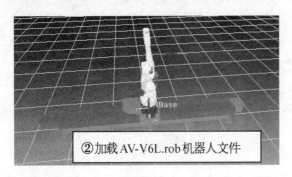

② 加载 AV-V6L.rob 机器人文件

图 4-25 加载焊接机器人文件

图 4-26 加载后的效果

3. 根据实际工作需要调整机器人基点位置

调整机器人的基点坐标如图 4-27 所示。

4. 加载焊枪工具

1）加载 TORCH-01. rob 焊枪机器人文件，其默认在世界坐标系原点位置。为方便看图，把工具拖到易见位置，如图 4-28 所示。

③ 调整机器人的基点坐标

图 4-27 调整机器人的基点坐标

图 4-28 加载焊枪机器人文件

2）将焊枪安装到机器人的法兰盘上，即重新连到焊接机器人的 TCP 上，如图 4-29 所示。

④ 安装焊枪工具

图 4-29 安装焊枪工具

3）加载工具文件 TOOL. tol，使机器人 TCP 从法兰盘中心点转移到焊枪末端中心点。

5. 加载变位机和焊接件

1）加载变位机。加载 POSITONER. rob 机器人文件，并调整其基坐标位置，如图 4-30 和图 4-31 所示。

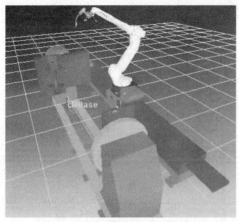

图 4-30　加载变位机　　　　　　　　　　　　图 4-31　调整变位机的基坐标

2）加载焊接件。加载 ARM-WP. rob 机器人文件，如图 4-32 所示。

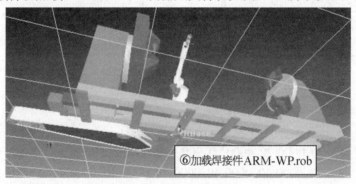

图 4-32　加载焊接件

3）将焊接件安装到变位机上，如图 4-33 所示。

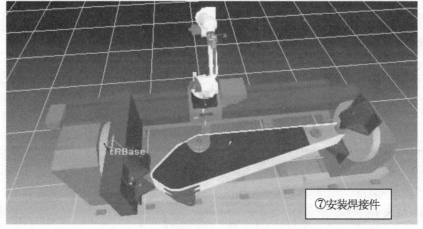

图 4-33　安装焊接件

机器人弧焊工作单元搭建完成。

二、目标点示教

在焊接工件的两个面上分别建立两条目标点路径，如图 4-34 和图 4-35 所示。

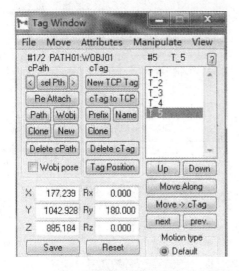

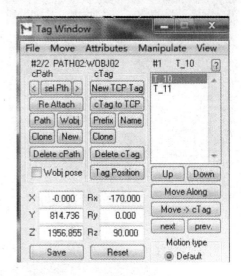

图 4-34　建立目标点路径 1　　　　　　　图 4-35　建立目标点路径 2

三、程序编写

ProgramFile
R01_DOUT = 0
EndInit
SPEED_PTP_AX 20. 0000 20. 0000 20. 0000 20. 0000 20. 0000 20. 0000 0. 1000
ACCEL_PTP_AX 40. 0000 40. 0000 40. 0000 40. 0000 40. 0000 40. 0000 0. 2000
SPEED_CP 0. 1000 0. 0
ACCEL_CP 0. 2000
SPEED_ORI 20. 0000 0. 0
ACCEL_ORI 40. 0000
OV_PRO 100. 0000
ERC NO_DECEL OFF
ZONE 0. 0000
ERC TRACK OFF
ERC COLOR TRACK yellow
ERC TRACK_TYPE line 6. 0
ZONE 0. 0000
Home 1
ERC TRACK OFF
ERC COLOR TRACK yellow

```
ERC TRACK_TYPE line 6.0
！WHILE gt(1,0)
Home 1
WAIT_UNTIL_SIGNAL_SET POSITIONER_DOUT
POSITIONER_DOUT = 0
Home HOME_1
ERC COLOR TRACK red
ERC TRACK ON
ERC TRACK_TYPE line 6.0
PTP T_5
VIA_POS T_2
CIRC T_3
LIN T_4
ERC TRACK OFF
R01_DOUT = 1
Home HOME_1
R01_DOUT = 1
WAIT_UNTIL_SIGNAL_SET POSITIONER_DOUT
ERC COLOR TRACK yellow
ERC TRACK ON
ERC TRACK_TYPE line 6.0
POSITIONER_DOUT = 0
PTP T_10
LIN T_11
ERC TRACK OFF
Home HOME_1
！ENDWHILE
EndProgramFile
```

写好程序后保存，然后加载即可。

四、调试运行

1）保存程序。

2）加载程序。

3）保存工作单元（CELL），如图4-36所示。

4）生成 3D-PDF 文档。

5）生成 AVI 视频文件。

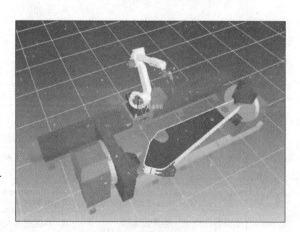

图 4-36　保存工作单元

拓展训练

加载护栏、控制柜等外围装置完成带变位机的弧焊工作单元的搭建，效果如图 4-37 所示。示教目标点并调试运行。

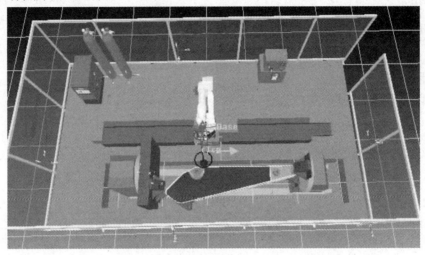

图 4-37 加载外围装置的弧焊工作单元的搭建效果

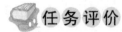 **任务评价**

根据学习情况，对照表 4-2 完成本任务的学习评价。

表 4-2 机器人弧焊工作单元离线编程评价表

	评价项目	评价标准	评价结果
自我评价	创建弧焊工作单元	A. 会	
		B. 不会	
	描述弧焊工作单元的构成	A. 能	
		B. 不能	
	示教目标点	A. 会	
		B. 不会	
	应用基本指令编程	A. 独立编写	
		B. 借鉴参考	
		C. 不会	
	弧焊工作单元的调试运行	A. 能独立找到错误并解决问题	
		B. 在别人的帮助下解决问题	
		C. 不会	
教师评价	弧焊工作单元的离线编程	A. 成功	
		B. 实现部分功能	
		C. 未完成	

任务三　多机器人焊接工作单元离线编程

学习目标

　☆ 学会多机器人焊接工作单元的创建方法。
　☆ 学会目标点的示教。
　☆ 学会应用基本指令编程。
　☆ 学会多机器人焊接工作单元的调试运行。

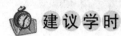

任务描述

本任务将选用两台焊接机器人完成车身门框架处的点焊工作。

建议学时

4学时。

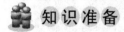

知识准备

一、多机器人焊接基础知识

多机器人点焊时需要研究是否采用多种型号，以及与多点焊机和简易直角坐标机器人并用等问题。当机器人的间距较小时，要注意动作顺序的安排，可通过机器人群控或相互联锁避免干涉。

二、焊接机器人的主要优点

1）提高焊接产品质量，保证其均一性。
2）提高焊接生产效率，可以24h不间断工作。
3）可在有害环境下连续工作，改善工人的劳动环境。
4）降低对工人操作技术难度的要求。
5）缩短产品改型换代的产品周期，减少相应的设备投资。
6）可实现小批量产品焊接自动化。
7）为焊接柔性生产线提供技术基础。

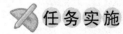

任务实施

一、工作单元的搭建

搭建如图4-38所示的工作单元。

二、目标点示教

示教目标点，如图4-39和图4-40所示。

图 4-38　搭建工作单元

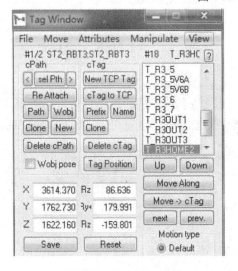

图 4-39　示教目标点 1

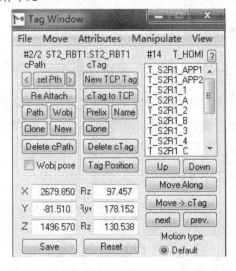

图 4-40　示教目标点 2

生成并保存如下所示的目标点文件。

```
TAGFILE V 7.0
! ----------Path index 1 number of tags 18----------
PATH_NAME ST2_RBT3 1 0 0
WOBJ_NAME ST2_RBT3
! Workobject frame
TAG_WOBJ 0. 0000000 1. 7536000 0. 0000001 90. 0000000 0. 0000000 0. 0000000
REF_SYS_PATH 7 0 54394397
REF_SYS_PATH_NAME 10166934 0
TAG_ATTRIBT_ 0 0 0. 000000 0. 000000 0. 000000 0
```

TAG_ATTRIB_EX −1.0 0.000000 0.000000 0.000000 0.0 0.0 0.0 0.0 0.0 0.0 0.0 0.0 100.0 100.0 0 0 2 0.000 0.000 4 5

TAG 1 R3HOME1 14 0.05 3.614370 1.762730 1.622160 −179.991501 0.000514 −66.436302

TAG_ATTRIB T_ 0 0 0.000000 0.000000 0.000000 0

TAG_ATTRIB_EX −1.0 0.000000 0.000000 0.000000 0.0 0.0 0.0 0.0 0.0 0.0 0.0 0.0 100.0 100.0 0 0 2 0.000 0.000 4 5

TAG 2 R3POUNCE1 14 0.05 3.578578 0.930610 1.715980 −179.991501 0.000505 −60.972313

TAG_ATTRIB T_ 0 0 0.000000 0.000000 0.000000 0

TAG_ATTRIB_EX −1.0 0.000000 0.000000 0.000000 0.0 0.0 0.0 0.0 0.0 0.0 0.0 0.0 100.0 100.0 0 0 2 0.000 0.000 4 5

TAG 3 R3POUNCE2 14 0.05 3.535320 0.574100 0.959590 −179.991501 0.000520 −45.263191

TAG_ATTRIB T_ 0 0 0.000000 0.000000 0.000000 0

TAG_ATTRIB_EX −1.0 0.000000 0.000000 0.000000 0.0 0.0 0.0 0.0 0.0 0.0 0.0 0.0 100.0 100.0 0 0 2 0.000 0.000 4 5

TAG 4 R3_V1 14 0.05 3.340750 0.377740 0.959560 −179.991501 0.000520 −45.263191

TAG_ATTRIB T_ 0 0 0.000000 0.000000 0.000000 0

TAG_ATTRIB_EX −1.0 0.000000 0.000000 0.000000 0.0 0.0 0.0 0.0 0.0 0.0 0.0 0.0 100.0 100.0 0 0 2 0.000 0.000 4 5

TAG 5 R3_1 14 0.05 3.233070 0.269050 0.972666 −179.991653 0.000588 −45.263191

TAG_ATTRIB T_ 0 0 0.000000 0.000000 0.000000 0

TAG_ATTRIB_EX −1.0 0.000000 0.000000 0.000000 0.0 0.0 0.0 0.0 0.0 0.0 0.0 0.0 100.0 100.0 0 0 2 0.000 0.000 4 5

TAG 6R3_2 14 0.05 3.352690 0.269050 0.972231 −179.999954 0.004636 −69.168404

TAG_ATTRIB T_ 0 0 0.000000 0.000000 0.000000 0

TAG_ATTRIB_EX −1.0 0.000000 0.000000 0.000000 0.0 0.0 0.0 0.0 0.0 0.0 0.0 0.0 100.0 100.0 0 0 2 0.000 0.000 4 5

TAG 7 R3 _ 2V3 14 0.05 3.456590 0.305060 0.953820 −179.999771 0.000000 −90.000000

TAG_ATTRIB T_ 0 0 0.000000 0.000000 0.000000 0

TAG_ATTRIB_EX −1.0 0.000000 0.000000 0.000000 0.0 0.0 0.0 0.0 0.0 0.0 0.0 0.0 100.0 100.0 0 0 2 0.000 0.000 4 5

TAG 8 R3_3 14 0.05 3.456590 0.305050 1.022212 −179.999954 0.000000 −90.000000

TAG_ATTRIB T_ 0 0 0.000000 0.000000 0.000000 0

TAG_ATTRIB_EX −1.0 0.000000 0.000000 0.000000 0.0 0.0 0.0 0.0 0.0 0.0 0.0 0.0 100.0 100.0 0 0 2 0.000 0.000 4 5

TAG 9 R3_4 14 0.05 3.558190 0.305060 1.023953 −179.999771 0.000000 −90.000000

TAG_ATTRIB T_ 0 0 0.000000 0.000000 0.000000 0

TAG_ATTRIB_EX - 1.0 0.000000 0.000000 0.000000 0.0 0.0 0.0 0.0 0.0 0.0 0.0 0.0 100.0 100.0 0 2 0.000 0.000 4 5

TAG 10 R3_5 14 0.05 3.659790 0.305060 1.023887 - 179.999603 0.000000 - 90.000000

TAG_ATTRIB T_ 0 0 0.000000 0.000000 0.000000 0

TAG_ATTRIB_EX - 1.0 0.000000 0.000000 0.000000 0.0 0.0 0.0 0.0 0.0 0.0 0.0 0.0 100.0 100.0 0 2 0.000 0.000 4 5

TAG 11 R3 _ 5V6A 14 0.05 3.643809 0.406660 1.025870 - 179.999603 0.000000 - 90.000000

TAG_ATTRIB T_ 0 0 0.000000 0.000000 0.000000 0

TAG_ATTRIB_EX - 1.0 0.000000 0.000000 0.000000 0.0 0.0 0.0 0.0 0.0 0.0 0.0 0.0 100.0 100.0 0 2 0.000 0.000 4 5

TAG 12 R3 _ 5V6B 14 0.05 3.847681 0.406740 1.027000 - 179.999954 0.000000 - 90.000000

TAG_ATTRIB T_ 0 0 0.000000 0.000000 0.000000 0

TAG_ATTRIB_EX - 1.0 0.000000 0.000000 0.000000 0.0 0.0 0.0 0.0 0.0 0.0 0.0 0.0 100.0 100.0 0 2 0.000 0.000 4 5

TAG 13 R3_6 14 0.05 3.841405 0.305140 1.023090 - 179.999954 0.000000 - 90.000000

TAG_ATTRIB T_ 0 0 0.000000 0.000000 0.000000 0

TAG_ATTRIB_EX - 1.0 0.000000 0.000000 0.000000 0.0 0.0 0.0 0.0 0.0 0.0 0.0 0.0 100.0 100.0 0 2 0.000 0.000 4 5

TAG14 R3_7 14 0.05 3.892550 0.305140 1.023332 0.000037 180.000000 75.000000

TAG_ATTRIB T_ 0 0 0.000000 0.000000 0.000000 0

TAG_ATTRIB_EX - 1.0 0.000000 0.000000 0.000000 0.0 0.0 0.0 0.0 0.0 0.0 0.0 0.0 100.0 100.0 0 2 0.000 0.000 4 5

TAG 15 R3OUT1 14 0.05 3.853110 0.452340 0.988900 0.000037 180.000000 75.000000

TAG_ATTRIB T_ 0 0 0.000000 0.000000 0.000000 0

TAG_ATTRIB_EX - 1.0 0.000000 0.000000 0.000000 0.0 0.0 0.0 0.0 0.0 0.0 0.0 0.0 100.0 100.0 0 2 0.000 0.000 4 5

TAG 16 R3OUT2 14 0.05 3.793940 0.673160 1.090500 - 179.999786 0.000587 - 75.000000

TAG_ATTRIB T_ 0 0 0.000000 0.000000 0.000000 0

TAG_ATTRIB_EX - 1.0 0.000000 0.000000 0.000000 0.0 0.0 0.0 0.0 0.0 0.0 0.0 0.0 100.0 100.0 0 2 0.000 0.000 4 5

TAG 17 R3OUT3 14 0.05 3.670170 0.934482 1.593860 - 179.991501 0.000505 - 60.972313

TAG_ATTRIB T_ 0 0 0.000000 0.000000 0.000000 0

TAG_ATTRIB_EX - 1.0 0.000000 0.000000 0.000000 0.0 0.0 0.0 0.0 0.0 0.0 0.0 0.0 100.0 100.0 0 2 0.000 0.000 4 5

TAG 18 R3HOME2 14 0.05 3.614370 1.762730 1.622160 −179.991501 0.000500 −66.436302

! ----------Path index 2 number of tags 14----------

PATH_NAME ST2_RBT1 1 0 0

WOBJ_NAME ST2_RBT1

! Workobject frame

TAG_WOBJ 0.0000000 1.7536000 0.0000001 90.00000000.0000000 0.0000000

REF_SYS_PATH 7 0 54394397

REF_SYS_PATH_NAME 10166934 0

TAG_ATTRIB T_ 0 0 0.000000 0.000000 0.000000 0

TAG_ATTRIB_EX −1.0 0.000000 0.000000 0.000000 0.0 0.0 0.0 0.0 0.0 0.0 0.0 100.0 100.0 0 0 2 0.000 0.000 4 5

TAG 1 S2R1 _ APP1 4 0.05 2.384500 0.678910 1.522690 1.625310 −179.119492 12.099600

TAG_ATTRIB T_ 0 0 0.000000 0.000000 0.000000 0

TAG_ATTRIB_EX −1.0 0.000000 0.000000 0.000000 0.0 0.0 0.0 0.0 0.0 0.0 0.0 100.0 100.0 0 0 2 0.000 0.000 4 5

TAG 2 S2R1_APP2 4 0.05 2.406750 0.687150 1.004320 1.639938 172.289856 11.854541

TAG_ATTRIB T_ 0 0 0.000000 0.000000 0.000000 0

TAG_ATTRIB_EX −1.0 0.000000 0.000000 0.000000 0.0 0.0 0.0 0.0 0.0 0.0 0.0 100.0 100.0 0 0 2 0.000 0.000 4 5

TAG 3 S2R1_1 4 0.05 2.347060 0.699910 0.999894 1.632565 174.522079 11.918729

TAG_ATTRIB T_ 0 0 0.000000 0.000000 0.000000 0

TAG_ATTRIB_EX −1.0 0.000000 0.000000 0.000000 0.0 0.0 0.0 0.0 0.0 0.0 0.0 100.0 100.0 0 0 2 0.000 0.000 4 5

TAG 4S2R1_A 4 0.05 2.320450 0.797210 0.991880 2.622283 171.251389 −7.669205

TAG_ATTRIB T_ 0 0 0.000000 0.000000 0.000000 0

TAG_ATTRIB_EX −1.0 0.000000 0.000000 0.000000 0.0 0.0 0.0 0.0 0.0 0.0 0.0 100.0 100.0 0 0 2 0.000 0.000 4 5

TAG 5 S2R1_2 4 0.05 2.299183 0.789000 0.991510 1.124622 169.585190 −7.473413

TAG_ATTRIB T_ 0 0 0.000000 0.000000 0.000000 0

TAG_ATTRIB_EX −1.0 0.000000 0.000000 0.000000 0.0 0.0 0.0 0.0 0.0 0.0 0.0 100.0 100.0 0 0 2 0.000 0.000 4 5

TAG 6 S2R1_B 4 0.05 2.370750 0.839550 1.009230 18.728270 −178.766418 11.349563

TAG_ATTRIB T_ 0 0 0.000000 0.000000 0.000000 0

TAG_ATTRIB_EX −1.0 0.000000 0.000000 0.000000 0.0 0.0 0.0 0.0 0.0 0.0 0.0 100.0 100.0 0 0 2 0.000 0.000 4 5

TAG 7S2R1_3 4 0.05 2.449970 0.918370 1.034150 18.728270 −178.766418 11.349563

TAG_ATTRIB T_ 0 0 0.000000 0.000000 0.000000 0

TAG_ATTRIB_EX − 1. 0 0. 000000 0. 000000 0. 000000 0. 0 0. 0 0. 0 0. 0 0. 0 0. 0 0. 0
100. 0 100. 0 0 2 0. 000 0. 000 4 5

TAG 8 S2R1_4 4 0. 05 2. 485000 0. 956270 1. 046940 21. 541166 − 178. 114136 24. 153042
TAG_ATTRIB T_ 0 0 0. 000000 0. 000000 0. 000000 0

TAG_ATTRIB_EX − 1. 0 0. 000000 0. 000000 0. 000000 0. 0 0. 0 0. 0 0. 0 0. 0 0. 0 0. 0
100. 0 100. 0 0 2 0. 000 0. 000 4 5

TAG 9S2R1_C 4 0. 05 2. 558960 0. 902071 1. 032490 21. 541166 − 178. 114136 24. 153042
TAG_ATTRIB T_ 0 0 0. 000000 0. 000000 0. 000000 0

TAG_ATTRIB_EX − 1. 0 0. 000000 0. 000000 0. 000000 0. 0 0. 0 0. 0 0. 0 0. 0 0. 0 0. 0
100. 0 100. 0 0 2 0. 000 0. 000 4 5

TAG 10 S2R1_8 4 0. 05 2. 696919 1. 100604 1. 113399 16. 103348 173. 109634 52. 054066
TAG_ATTRIB T_ 0 0 0. 000000 0. 000000 0. 000000 0

TAG_ATTRIB_EX − 1. 0 0. 000000 0. 000000 0. 000000 0. 0 0. 0 0. 0 0. 0 0. 0 0. 0 0. 0
100. 0 100. 0 0 2 0. 000 0. 000 4 5

TAG 11 S2R1_D 4 0. 05 2. 793240 0. 978998 1. 231282 29. 196199 176. 501694 57. 144196
TAG_ATTRIB T_ 0 0 0. 000000 0. 000000 0. 000000 0

TAG_ATTRIB_EX − 1. 0 0. 000000 0. 000000 0. 000000 0. 0 0. 0 0. 0 0. 0 0. 0 0. 0 0. 0
100. 0 100. 0 0 2 0. 000 0. 000 4 5

TAG 12 S2R1 _ 9 4 0. 05 2. 966535 1. 231471 1. 204420 − 155. 121307 − 0. 956797
− 84. 512810
TAG_ATTRIB T_ 0 0 0. 000000 0. 000000 0. 000000 0

TAG_ATTRIB_EX − 1. 0 0. 000000 0. 000000 0. 000000 0. 0 0. 0 0. 0 0. 0 0. 0 0. 0 0. 0
100. 0 100. 0 0 2 0. 000 0. 000 4 5

TAG 13 S2R1 _ E 4 0. 05 2. 966874 1. 127837 1. 186130 − 158. 020905 − 0. 956796
− 84. 512810
TAG_ATTRIB T_ 0 0 0. 000000 0. 000000 0. 000000 0

TAG_ATTRIB_EX − 1. 0 0. 000000 0. 000000 0. 000000 0. 0 0. 0 0. 0 0. 0 0. 0 0. 0 0. 0
100. 0 100. 0 0 2 0. 000 0. 000 4 5

TAG 14 HOME _ 1 4 0. 05 2. 679850 − 0. 081510 1. 496570 1. 832796 − 179. 760147
33. 085030

ENDTAGFILE

三、编写程序

1. 第一台六轴机器人程序

ProgramFile

! Below section is called once at t = 0

! Add Initialization commands here

!

R02_DOUT = 0

```
R02_RUNNING = 1
!
EndInit
!
! Below section is called at t > 0
! Add new ERPL/ERCL commands here
! Set Default SPEEDs and ACCELs
SPEED_PTP_OV 50. 0000
SPEED_CP_OV 80. 0000
SPEED_ORI_OV 80. 0000
ACCEL_PTP_OV 100. 0000
ACCEL_CP_OV 100. 0000
ACCEL_ORI_OV 100. 0000
OV_PRO 100. 0000
ERC NO_DECEL OFF
ZONE 0. 0000
! ---------
ERC FLOOR OFF
ERC LOAD VIEW spot_weld_01. vie
ERC TAG_TEXT OFF
SPEED_CP 0. 1000
! first time, make sure that GUN is not active
WAIT_UNTIL_SIGNAL_UNSET GUN_02_DOUT
WHILE R02_RUNNING
PTP T_HOME_1
LIN T_S2R1_APP1
LIN T_S2R1_APP2
LIN T_S2R1_1
call do_weld( )
LIN T_S2R1_A
call do_weld( )
LIN T_S2R1_2
call do_weld( )
LIN T_S2R1_B
call do_weld( )
LIN T_S2R1_3
call do_weld( )
LIN T_S2R1_4
call do_weld( )
```

```
LIN T_S2R1_C
LIN T_S2R1_8
call do_weld( )
LIN T_S2R1_D
LIN T_S2R1_9
call do_weld( )
LIN T_S2R1_E
LIN T_HOME_1
R02_RUNNING = 0
R02_DOUT = 1
ENDWHILE
!
EndProgramFile
Fct do_weld( )
!
! ----------------------------------------
! tell Gun that Rob2 is in position
! ----------------------------------------
R02_DOUT = 1
! ----------------------------------------
! wait for signal that Gun's job is done
! ----------------------------------------
WAIT_UNTIL_SIGNAL_SET GUN_02_DOUT
R02_DOUT = 0
WAIT_UNTIL_SIGNAL_UNSET GUN_02_DOUT
!
EndFct
```

2. 第二台六轴机器人程序

```
ProgramFile
! Below section is called once at t = 0
! Add Initialization commands here
!
R01_DOUT_01 = 0
R01_DOUT_02 = 0
R01_RUNNING = 1
!
EndInit
!
! Below section is called at t > 0
```

```
! Add new ERPL/ERCL commands here
!
! Set Default SPEEDs and ACCELs
SPEED_PTP_OV 50. 0000
SPEED_CP_OV 80. 0000
SPEED_ORI_OV 80. 0000
ACCEL_PTP_OV 100. 0000
ACCEL_CP_OV 100. 0000
ACCEL_ORI_OV 100. 0000
OV_PRO 100. 0000
ERC NO_DECEL OFF
ZONE 0. 0000
! ---------
SPEED_CP 0. 1000
! first time, make sure that GUN is not active
WAIT_UNTIL_SIGNAL_UNSET GUN_01_DOUT
! start the other robot
R01_DOUT_02 = 1
WHILE R01_RUNNING
PTP T_R3HOME1
R01_DOUT_02 = 0
LIN T_R3POUNCE1
LIN T_R3POUNCE2
LIN T_R3_V1
LIN T_R3_1
call do_weld( )
LIN T_R3_2
call do_weld( )
LIN T_R3_2V3
LIN T_R3_3
call do_weld( )
LIN T_R3_4
call do_weld( )
LIN T_R3_5
call do_weld( )
LIN T_R3_5V6A
LIN T_R3_5V6B
LIN T_R3_6
call do_weld( )
```

```
LIN T_R3_7
call do_weld( )
LIN T_R3OUT1
LIN T_R3OUT2
LIN T_R3OUT3
LIN T_R3HOME2
R01_RUNNING = 0
R01_DOUT = 1
ENDWHILE
EndProgramFile
Fct do_weld( )
!
! -----------------------------------------
! tell Gun that Rob1 is in position
! -----------------------------------------
R01_DOUT = 1
! -----------------------------------------
! wait for signal that Gun's job is done
! -----------------------------------------
WAIT_UNTIL_SIGNAL_SET GUN_01_DOUT
R01_DOUT = 0
WAIT_UNTIL_SIGNAL_UNSET GUN_01_DOUT
EndFct
```

写好程序后保存，然后加载即可。

四、调试运行

1）保存程序。
2）加载程序。
3）保存工作单元（CELL）。
4）生成 3D-PDF 文档。
5）生成 AVI 视频文件。

拓展训练

1）更换 KUKA 机器人完成多机器人点焊任务。
2）更换 ABB 机器人完成多机器人点焊任务。
3）更换 FANCU 机器人完成多机器人点焊任务。

任务评价

根据学习情况，对照表 4-3 完成本任务的学习评价。

表 4-3　多机器人焊接工作单元离线编程评价表

	评价项目	评价标准	评价结果
自我评价	创建多机器人焊接工作单元	A. 会	
		B. 不会	
	描述多机器人焊接工作单元的构成	A. 能	
		B. 不能	
	示教目标点	A. 会	
		B. 不会	
	应用基本指令编程	A. 独立编写	
		B. 借鉴参考	
		C. 不会	
	多机器人焊接工作单元的调试运行	A. 能独立找到错误并解决问题	
		B. 在别人的帮助下解决问题	
		C. 不会	
教师评价	多机器人焊接工作单元离线编程	A. 成功	
		B. 实现部分功能	
		C. 未完成	

职业能力评价表

机器人焊接工作单元离线编程学习过程评价表

班级：　　　　　　　组别：　　　　　　　姓名：

项　目	评　价　内　容	每次课评价	活动总评
职业素养评价项目（老师与观察员评价）	不迟到、不早退、仪容仪表、工作服 评价方法：全部合格为 A，一个不合格为 B，两个不合格为 C，三个不合格为 D		
	资讯（获取有效的信息）：网络、书籍、产品资料、老师、同学、相关规范及标准、其他 评价方法：两种渠道以上的为 A，两种渠道的为 B，一种渠道的为 C，无渠道的为 D		
	团队合作意识：与同学合作交流，听取同学意见，表达自己的观念，协助制订工作计划，无独自一人发呆走神现象，无抵触或不参与情况，协调小组成员，参与小组讨论 评价方法：全部合格为 A，一个不合格为 B，两个不合格为 C，三个及三个以上不合格为 D		
	6S 管理意识：学习区、施工区、资讯区 评价方法：全部合格为 A，一个不合格为 B，两个不合格为 C，三个不合格为 D		

（续）

项　目	评　价　内　容	每次课评价	活动总评
职业能力评价项目（老师与组长评价）	当次项目完成情况： 评价方法：根据项目完成情况、工艺、速度评价，成功为 A～B，完成大部分为 C，未动手为 D		
	任务 1：		
	任务 2：		
	任务 3：		
	拓展训练 1：		
	拓展训练 2：		
	拓展训练 3：		
加分项目	1. 课堂积极发言一次加 1 分 2. 上讲台总结发言一次加 2 分 3. 成功组织策划课间活动一次加 3 分		
加分及扣分说明			
小组评语及建议	我们做到了： 我们的不足： 我们的建议：	组长签名： 　　年　月　日	
总评说明及过程评价记录	评价项目说明：评 A 最多的总评为 A＋，第二多的为 A，依此类推，分别为 A－、B＋、B、B－、C＋、C、C－（若无 A 就统计 B，无 B 统计 C，无 C 统计 D） 评价记录： （　）组：A（　）个；B（　）个；C（　）个；D（　）个	评定等级： 教师签名： 日期：	

项目五　机器人喷涂工作单元离线编程

任务一　平面喷涂工作单元离线编程

 学习目标

☆ 学会平面喷涂工作单元的创建方法。

☆ 学会目标点的示教。

☆ 学会应用基本指令编程。

☆ 学会平面喷涂工作单元的调试运行。

任务描述

本任务将用机器人加载喷枪实现工件的平面喷涂，效果如图 5-1 所示。

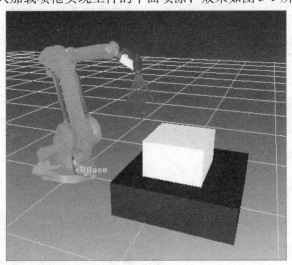

图 5-1　平面喷涂工作单元的搭建效果

 **建议学时**

4 学时。

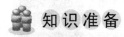 **知识准备**

喷涂是指通过喷枪或雾化器，借助于压力或离心力，将涂料分散成均匀而微细的雾滴，施涂于被涂物表面的涂装方法。喷涂分为手工喷涂和自动喷涂，其中手工喷涂是通过前线操作人员，对产品的表面直接进行喷涂，现在常用于自动喷涂后对不良品进行处理。自动喷涂是将需要喷涂加工的产品固定在可转动的支架上，然后将支架锁定在流水线上，通过流水线

的移动和可转动支架不停地旋转,以将涂料100%均匀喷涂在产品表面。

喷涂设备有喷枪、喷涂室、供漆室、固化炉/烘干炉、喷涂工件输送作业设备,以及消雾设备及废水、废气处理设备等。喷涂中的主要问题是高度分散的漆雾和挥发出来的溶剂,既污染环境,不利于人体健康,又浪费涂料,造成经济损失。目前,机器人替代人工在喷涂行业的应用越来越广泛。

任务实施

一、工作单元的搭建

1)加载机器人文件,机器人选择 IRB-1410-4-144,如图 5-2 所示。

2)加载喷枪工具,如图 5-3 所示。

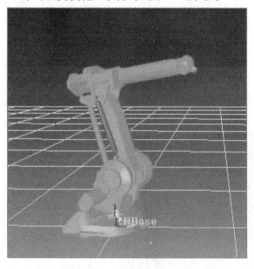

图 5-2 加载机器人文件

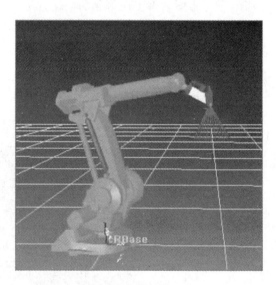

图 5-3 加载喷枪工具

3)创建工件。创建两个简单工件,在上方工件的平面进行喷涂作业,如图 5-4 所示。平面喷涂工作单元搭建完成。

二、目标点示教

通过示教目标点或加载目标点程序的方法在工作单元上创建所需要的目标点,如图 5-5 所示。

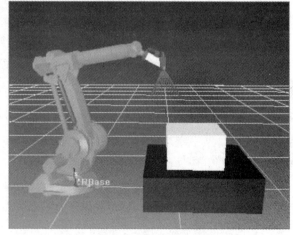

图 5-4 创建工件

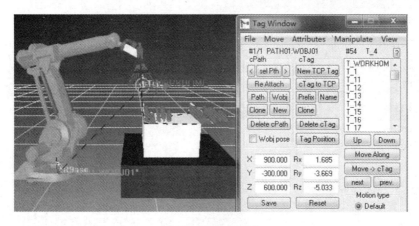

图 5-5　创建目标点

三、程序编写

SPEED_PTP_OV 80. 0000

SPEED_CP_OV 80. 0000

SPEED_ORI_OV 80. 0000

ACCEL_PTP_OV 100. 0000

ACCEL_CP_OV 100. 0000

ACCEL_ORI_OV 100. 0000

OV_PRO 100. 0000

ERC NO_DECEL OFF

ZONE 0. 0000

Home HOME_1

PTP T_WORKHOME

ERC COLOR TRACK red

ERC TRACK ON

ERC TRACK_TYPE line 100. 0

PTP T_1

LIN T_2

PTP T_21

LIN T_11

PTP T_12

LIN T_22

PTP T_23

LIN T_13

PTP T_14

LIN T_24

PTP T_25

LIN T_15

```
PTP T_16
LIN T_26
PTP T_27
LIN T_17
PTP T_18
LIN T_28
PTP T_29
LIN T_19
LIN T_3
LIN T_4
LIN T_1
ERC TRACK OFF
PTP T_WORKHOME
!
!
call MyMoveFct( )
!
EndProgramFile
Fct MyMoveFct( )
!
EndFct
```
写好程序后保存,然后加载即可。

四、调试运行

1)保存程序。
2)加载程序。
3)保存工作单元(CELL)。
4)生成 3D-PDF 文档。
5)生成 AVI 视频文件。

任务评价

根据学习情况,对照表 5-1 完成本任务的学习评价。

表 5-1 平面喷涂工作单元离线编程评价表

	评价项目	评价标准	评价结果
自我评价	创建平面喷涂工作单元	A. 会	
		B. 不会	
	描述平面喷涂工作单元的构成	A. 能	
		B. 不能	

（续）

	评价项目	评价标准	评价结果
自我评价	示教目标点	A. 会	
		B. 不会	
	应用基本指令编程	A. 独立编写	
		B. 借鉴参考	
		C. 不会	
	平面喷涂工作单元的调试运行	A. 能独立找到错误并解决问题	
		B. 在别人的帮助下解决问题	
		C. 不会	
教师评价	平面喷涂工作单元离线编程	A. 成功	
		B. 实现部分功能	
		C. 未完成	

任务二　曲面喷涂工作单元离线编程

学习目标

☆ 学会曲面喷涂工作单元的创建方法。

☆ 学会目标点的示教。

☆ 学会应用基本指令编程。

☆ 学会曲面喷涂工作单元的调试运行。

任务描述

本任务将用机器人加载喷枪实现工件的曲面喷涂任务，效果如图 5-6 所示。

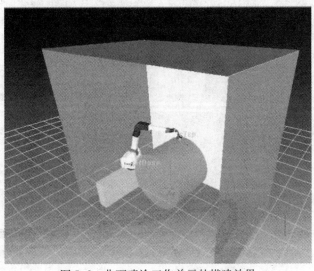

图 5-6　曲面喷涂工作单元的搭建效果

建议学时

4 学时。

 任务实施

一、工作单元的搭建

1）加载带喷涂工具的机器人，如图 5-7 所示。

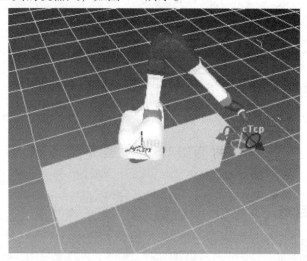

图 5-7　加载带喷涂工具的机器人

2）根据工作需要调整机器人姿态，如图 5-8 所示。

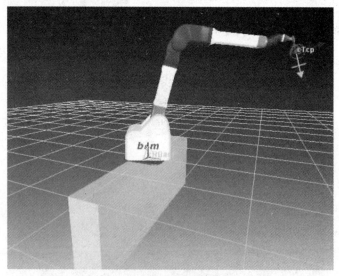

图 5-8　调整机器人姿态

3）加载喷涂体 3D 模型，如图 5-9 所示。

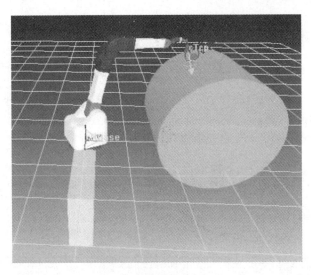

图 5-9　加载喷涂体 3D 模型

4）导入喷房围挡 3D 模型，如图 5-10 所示。

图 5-10　导入喷房围挡 3D 模型

曲面喷涂工作单元搭建完成。

二、目标点示教

通过示教目标点或加载目标点程序的方法在工作单元上创建所需要的目标点。

1）示教并保存工作原点，并将其设置为 PATH1，如图 5-11 所示。工作原点的选择要根据实际工作需要和具体工艺，原则是提高生产效率，满足生产节拍。

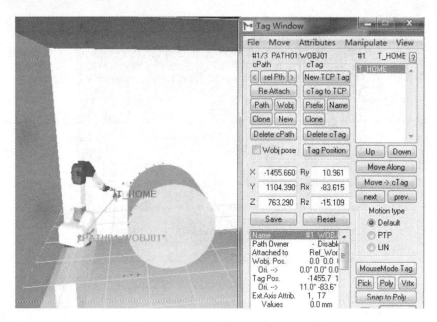

图 5-11　设置工作原点

2）示教两侧边界点并保存至 PATH2。实际喷涂工艺是机器人在工件表面做水平和垂直方向往复直线运动，每一条直线运动的起点和终点构成了本任务水平方向喷涂的目标点，如图 5-12 所示。

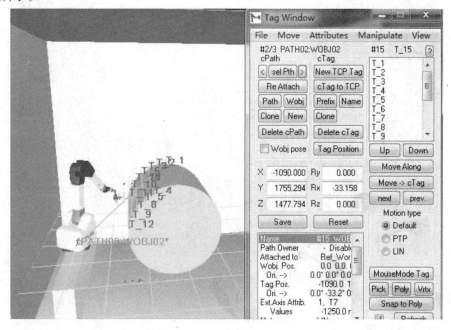

图 5-12　示教两侧边界点

3）示教 PATH3，该路径为垂直方向喷涂的轨迹示教点，示教方法与 PATH2 相同，如图 5-13 所示。

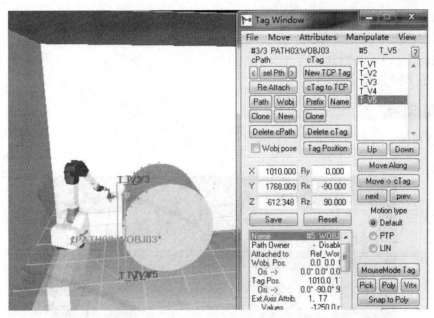

图 5-13 示教 PATH3

三、程序的编写

ProgramFile

EndInit

! Below section is called at t > 0

! Add new ERPL/ERCL commands here

SPEED_PTP_OV 80. 0000

SPEED_CP_OV 80. 0000

SPEED_ORI_OV 80. 0000

ACCEL_PTP_OV 100. 0000

ACCEL_CP_OV 100. 0000

ACCEL_ORI_OV 100. 0000

OV_PRO 100. 0000

ERC NO_DECEL OFF

ZONE 0. 0000

PTP T_HOME ! ALONG PATH01 T_HOME T_HOME

ALONG PATH02 T_1 T_15

ALONG PATH03 T_V1 T_V5

PTP T_HOME

EndProgramFile

写好程序后保存，然后加载即可。

四、调试运行

1）保存程序。

2）加载程序。

3）保存工作单元（CELL）。

4）生成 3D-PDF 文档。

5）生成 AVI 视频文件。

 拓展训练

创建多机器人喷涂工作站的离线编程，效果如图 5-14 所示。

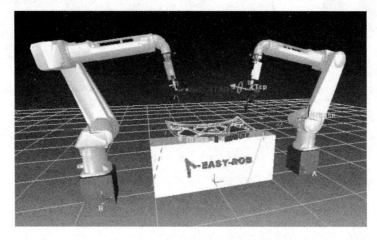

图 5-14　多机器人喷涂工作站的搭建效果

任务评价

根据学习情况，对照表 5-2 完成本任务的学习评价。

表 5-2　曲面喷涂工作单元离线编程评价表

	评价项目	评价标准	评价结果
自我评价	创建曲面喷涂工作单元	A. 会	
		B. 不会	
	描述曲面喷涂工作单元的构成	A. 能	
		B. 不能	
	示教目标点	A. 会	
		B. 不会	
	应用基本指令编程	A. 独立编写	
		B. 借鉴参考	
		C. 不会	
	曲面喷涂工作单元的调试运行	A. 能独立找到错误并解决问题	
		B. 在别人的帮助下解决问题	
		C. 不会	
教师评价	曲面喷涂工作单元离线编程	A. 成功	
		B. 实现部分功能	
		C. 未完成	

职业能力评价表

机器人喷涂工作单元离线编程学习过程评价表

班级：　　　　　　组别：　　　　　　姓名：

项　目	评 价 内 容	每次课评价	活动总评
职业素养评价项目（老师与观察员评价）	不迟到、不早退、仪容仪表、工作服 评价方法：全部合格为 A，一个不合格为 B，两个不合格为 C，三个不合格为 D		
	资讯（获取有效的信息）：网络、书籍、产品资料、老师、同学、相关规范及标准、其他 评价方法：两种渠道以上的为 A，两种渠道的为 B，一种渠道的为 C，无渠道的为 D		
	团队合作意识：与同学合作交流，听取同学意见，表达自己的观念，协助制订工作计划，无独自一人发呆走神现象，无抵触或不参与，协调小组成员，参与小组讨论 评价方法：全部合格为 A，一个不合格为 B，两个不合格为 C，三个及三个以上不合格为 D		
	6S 管理意识：学习区、施工区、资讯区 评价方法：全部合格为 A，一个不合格为 B，两个不合格为 C，三个不合格为 D		
职业能力评价项目（老师与组长评价）	当次项目完成情况： 评价方法：根据项目完成情况、工艺、速度评价，成功为 A～B，完成大部分为 C，未动手为 D		
	任务 1：		
	任务 2：		
	拓展训练 1：		
	拓展训练 2：		
加分项目	1. 课堂积极发言一次加 1 分 2. 上讲台总结发言一次加 2 分 3. 成功组织策划课间活动一次加 3 分		
加分及扣分说明			
小组评语及建议	我们做到了： 我们的不足： 我们的建议：	组长签名： 　　年　月　日	
总评说明及过程评价记录	评价项目说明：评 A 最多的总评为 A+，第二多的为 A，依此类推，分别为 A-、B+、B、B-、C+、C、C-（若无 A 就统计 B，无 B 统计 C，无 C 统计 D） 评价记录： （　）组：A（　）个；B（　）个；C（　）个；D（　）个	评定等级： 教师签名： 日期：	

项目六　机器人文件的创建与编程

任务一　单轴机器人文件的创建与编程

 学习目标

☆ 了解机器人运动学正解和逆解原理。
☆ 学会单轴机器人文件的创建方法。
☆ 学会单轴机器人文件的简单编程。

 **任务描述**

本任务通过 EASY-ROB 软件的机器人运动学属性，创建单轴机器人文件（类似于目前工业上大量用到的线性模组），采用传送带 Body 文件搭建好机器人，然后创建简单的工作单元并编程。

建议学时

2 学时。

知识准备

机器人运动学包括正向运动学和逆向运动学。正向运动学即给定机器人各关节变量，计算机器人末端的位置姿态；逆向运动学即已知机器人末端的位置姿态，计算机器人对应位置的全部关节变量。

EASY-ROB 软件给用户提供了创建 1~12 轴机器人的平台。本任务将基于该平台从运动学正解和逆解两方面详细介绍单轴机器人的搭建方法，并利用搭建的机器人去创建工作单元。

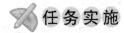 **任务实施**

一、机器人运动学正解

1. 设置机器人的关节数及运动方式

EASY-ROB 提供了多种机器人创建模型，通常会选择创建通用型机器人，可以选择 1~12 轴机器人创建模型，根据需要设定机器人（设备）的轴数（1 轴）和运动方式。

操作步骤如下：

1）单击 [图标]，弹出运动学窗口，如图 6-1 所示。单击【Create】按钮，弹出如图 6-2 所示的对话框，选择 "5-Create new 1-12 DOF Universal Robot"，出现如图 6-3 所示窗口，提示运动学创建成功。

图 6-1　运动学窗口

图 6-2　选择机器人模型

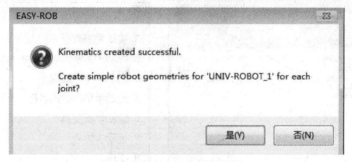

图 6-3　创建成功的提示信息

　　以上方式还可以用下述方法实现：单击【Robotics】/【cRobot Kinematics】/【Create new Robot】，选择创建新的 1～12 轴机器人，如图 6-4 所示，同样出现如图 6-3 所示的窗口，提示运动学创建成功。

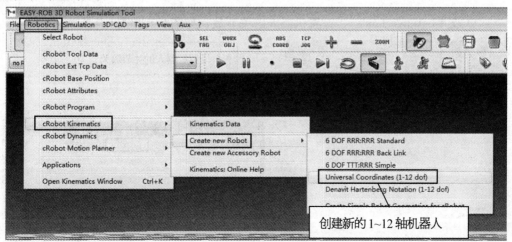

图 6-4　机器人的创建方法 2

2）单击【是】按钮，系统将为即将创建的机器人创建简单的几何体，如图 6-5 所示。如果要自行创建完整的机器人，包括机器人 Body 文件，如图 6-6 所示，则单击【否】按钮。

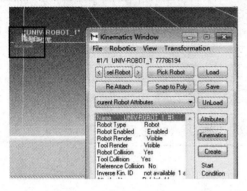

图 6-5　创建简单几何体　　　　　　　　图 6-6　自行创建完整的机器人

3）单击▩之后单击运动学按钮【Kinematics】，弹出机器人运动学属性窗口，如图 6-7 所示。

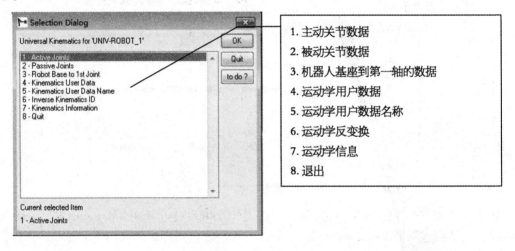

1. 主动关节数据
2. 被动关节数据
3. 机器人基座到第一轴的数据
4. 运动学用户数据
5. 运动学用户数据名称
6. 运动学反变换
7. 运动学信息
8. 退出

图 6-7　机器人运动学属性窗口

4）单击"1-Active Joints"，设置机器人的关节数，如图 6-8 和图 6-9 所示。

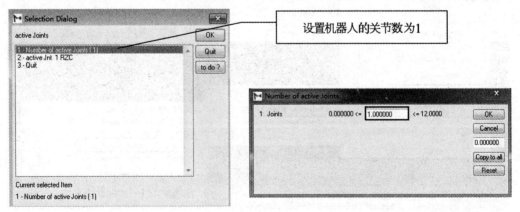

图 6-8　选择设置项目　　　　　　　　　图 6-9　设置关节数

5）设置机器人 1 轴的运动方式，单击"1-Type&Direction"设置轴的旋转方式，如图 6-10 和图 6-11 所示。

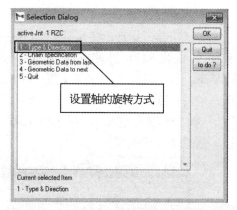

图 6-10　选择设置项目 1　　　　　　　　　图 6-11　选择设置项目 2

设置 1 轴的运动方式为沿 X 方向运动，单击【OK】后再单击【Quit】完成轴的运动方向设定，如图 6-12 所示。

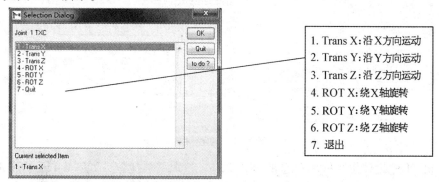

图 6-12　选择 1 轴的运动方式

2. 设置机器人 1 轴中心点的坐标位置

机器人各轴之间的几何位置及相对距离需要在设计的时候充分考虑，实体机器人要结合机器人动力学来设计，建模可以根据实际的机器人模型来设计。

设置机器人 1 轴中心点相对于底座中心点的位置偏移（$X=0$，$Y=0$，$Z=960$，$Rx=0$，$Ry=0$，$Rz=0$），如图 6-13 和图 6-14 所示。

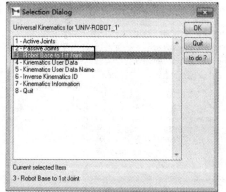

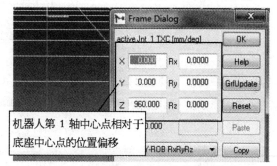

图 6-13　选择设置项目　　　　　　　　图 6-14　设置第 1 轴中心点的位置偏移

二、机器人运动学逆变换

1. 创建机器人 Body

建立好机器人运动学模型后，接下来就要创建机器人 CAD 模型了。EASY-ROB 软件提供了简单的几何体创建方法，如立方体（CUBE）、金字塔（PYRAMID）、楔形物（WEDGE）等，同时支持 STL 文件、IGP 文件、3DS 文件导入，导入文件时要注意调整缩放比例，最后把创建或导入的 Body 文件粘连到对应的轴上，机器人就完整了。

1）导入机器人底座。打开【3D-CAD Window】，如图 6-15 所示，单击【Create Import】按钮，选择导入 STL 文件。

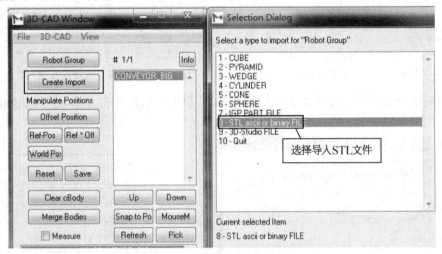

图 6-15　创建导入

2）选取事先设计保存好的传送带 STL 文件，选取缩放比例，如图 6-16 ~ 图 6-18 所示。

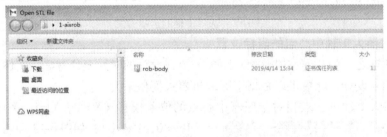

图 6-16　选取传送带 STL 文件

图 6-17　选取缩放比例

加载后的界面如图 6-19 所示。

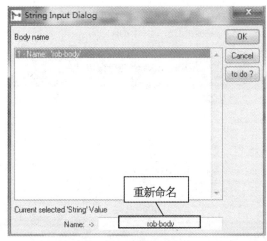

图 6-18　重命名

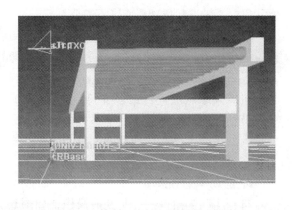

图 6-19　加载后的界面

偏移传送带 Body 的位置使 1 轴中心点处于传送带的左端中心位置，操作方法及坐标点如图 6-20 所示。

图 6-20　设置偏移位置

完成后的效果如图 6-21 所示。

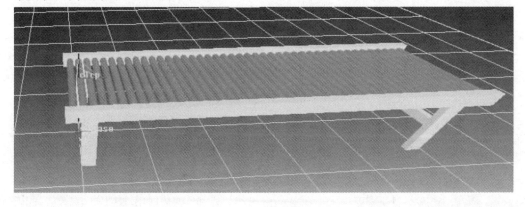

图 6-21　完成后的效果

3）根据需要可以把机器人 Body 粘连到机器人坐标轴上，机器人的 Body 文件将跟随机器人轴一起运动。本任务设计的传送带 Body 不需要和机器人轴一起运动，所以不需要粘连。

2. 设置机器人属性

通过图 6-22 所示的机器人运动学对话框可以设置以下参数：机器人名称、机器人工具、机器人原点位置（最多支持设置 12 个）、各关节轴的运动范围等。这些参数最终决定了机器人的运动半径和运动范围，这与实体机器人是完全对应的。

3. 运动学逆变换

打开运动学窗口进行逆变换操作，如图 6-23 和图 6-24 所示。

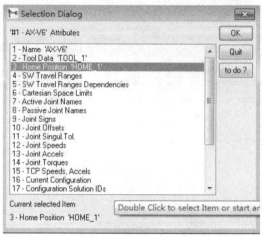

图 6-22 机器人运动学对话框

图 6-23 逆变换选项

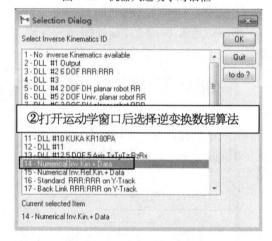

图 6-24 逆变换数据算法

EASY-ROB 软件有 512 种运动学逆变换方法供用户选择。单击"1-Sub ID"可输入不同数字来选择逆变换的方法，默认数字为"0"，单击【OK】按钮完成逆变换，如图 6-25 所示。

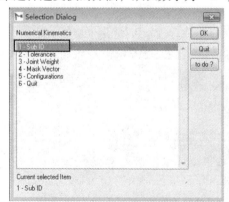

a）单击"1-Sub ID"

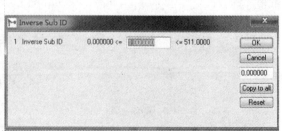

b）单击【OK】按钮

图 6-25 选择逆变换的方法

逆变换后的效果如图 6-26 所示。此时 TCP 坐标出现在机器人 1 轴末端。

图 6-26　逆变换后的效果

4. 保存机器人文件并命名

三、机器人工作单元离线编程

搭建好机器人后，就可以正常加载或创建工作单元、编程和调试了。下面将完成简单的传送带物料搬运任务：工件处于传送带 T1 位置，编程实现工件从 T1 位置搬运到 T2 位置，延时搬运到 T3 位置，如图 6-27 所示。

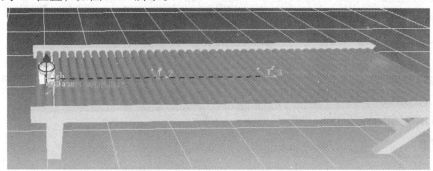

图 6-27　编程实现工件的搬运任务

1）加载自行创建的机器人文件，加载方法和步骤见前文所述。加载后的效果如图 6-28 所示。

图 6-28　加载后的效果

2）加载或创建 Body 文件，并根据工作单元布局需要调整偏移位置，如图 6-29 所示。

图 6-29　加载或创建 Body 文件

3）目标点示教，如图 6-30 所示。

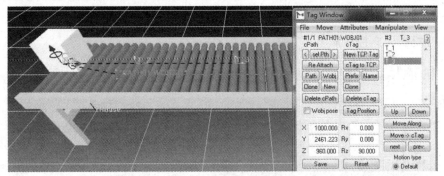

图 6-30　目标点示教

4）编写程序。

Home HOME_1

ERC GRAB BODY BOX

PTP T_1

WAIT 10. 0000

PTP T_2

WAIT 10. 0000

PTP T_3

WAIT 10. 0000

ERC RELEASE BODY BOX

Home HOME_1

5）后置处理。EASY-ROB 软件提供了强大的后置处理功能，可以方便地将 EASY-ROB 本身的编程语言后置处理为其他品牌的机器人编程语言，大大减轻学习压力。

拓 展 训 练

根据机器人轴的六种运动方式，分别创建如下单轴机器人文件：

1）沿 Y 轴运动的单轴机器人文件。

2）沿 Z 轴运动的单轴机器人文件。

3）绕 X 轴旋转的单轴机器人文件。

4）绕 Y 轴旋转的单轴机器人文件。

5）绕 Z 轴旋转的单轴机器人文件。

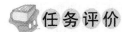 **任务评价**

根据学习情况，对照表6-1完成本任务的学习评价。

表6-1　单轴机器人文件的创建与编程学习评价表

	评价项目	评价标准	评价结果
自我评价	创建单轴机器人文件	A. 会	
		B. 不会	
	描述机器人运动学正解、逆变换步骤	A. 能	
		B. 不能	
	用自己创建的单轴机器人构建工作单元	A. 会	
		B. 不会	
	应用基本指令编程	A. 独立编写	
		B. 借鉴参考	
		C. 不会	
	简单工作单元的调试运行	A. 能独立找到错误并解决问题	
		B. 在别人的帮助下解决问题	
		C. 不会	
教师评价	单轴机器人文件的创建及简单工作单元离线编程	A. 成功	
		B. 实现部分功能	
		C. 未完成	

任务二　二轴机器人文件的创建与编程

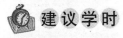 **学习目标**

☆ 学会二轴机器人文件的创建方法。

☆ 学会用自己创建的二轴机器人构建工作单元。

☆ 学会目标点的示教及编程。

☆ 学会二轴机器人工作单元的调试运行。

任务描述

本任务将完成二轴机器人文件的创建，并用创建好的二轴机器人完成简单搬运工作单元的搭建及离线编程。

建议学时

2学时。

知识准备

二轴机器人属于直角坐标机器人。

直角坐标机器人是以 XYZ 直角坐标系为基本数学模型，以伺服电动机、步进电动机为驱动装置，以单轴机械臂为基本工作单元，以滚珠丝杠、同步带、齿轮齿条为常用的传动方式所架构起来的机器人系统，可以完成在 XYZ 三维坐标系中任意一点的到达，并遵循可控的运动轨迹。

直角坐标机器人采用运动控制系统实现驱动及编程控制，直线、曲线等运动轨迹的生成为多点插补方式，操作及编程方式为引导示教编程方式或坐标定位方式。

直角坐标机器人的特点是：

1）自由度运动，每个运动自由度之间的空间夹角为直角。

2）自动控制，可重复编程，所有的运动均按程序运行。

3）一般由控制系统、驱动系统、机械系统、操作工具等组成。

4）灵活，多功能，因操作工具的不同功能也有所不同。

5）高可靠性、高速度、高精度。

6）可用于恶劣的环境，可长期工作，便于操作维修。

作为一种成本低廉、系统结构简单的自动化机器人系统解决方案，直角坐标机器人可以应用于点胶、滴塑、喷涂、码垛、分拣、包装、焊接、金属加工、搬运、上下料、装配、印刷等常见的工业生产领域，在替代人工，提高生产效率，稳定产品质量等方面都具备显著的应用价值。

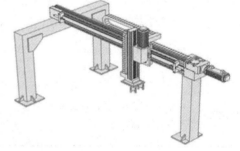

图 6-31 所示为一个二轴机器人。

图 6-31　二轴机器人

图 6-32　运动学窗口

任务实施

一、机器人文件的创建

1. 设置机器人的关节数及运动方式

根据需要设定机器人的轴数和各关节的运动方式。

操作步骤如下：

1）单击【ROBOT JOINTS】弹出运动学窗口，如图 6-32 所示。

2）单击【Create】按钮，弹出图 6-33 所示对话框，选择创建新的 1 ~ 12 轴机器人，出现图 6-34 所示界面，提示运动学创建成功。

创建新的1~12轴机器人

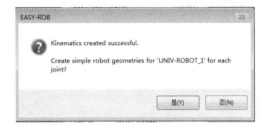

图 6-33 选择机器人模型　　　　　　　　图 6-34 创建成功

3）单击【是】按钮，系统将为即将创建的机器人创建简单的几何体，如图6-35所示。如果要自行创建完整的机器人，包括机器人 Body 文件，如图6-36所示，则单击【否】按钮。

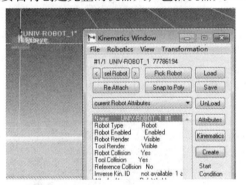

图 6-35 创建简单几何体　　　　　　　　图 6-36 自行创建完整的机器人

4）单击运动学按钮【Kinematics】，弹出机器人运动学属性窗口。

5）单击"1-Active Joints"，设置机器人的关节数，如图6-37和图6-38所示。

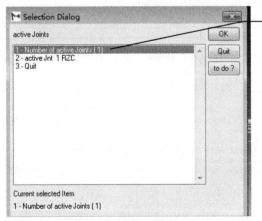

机器人的关节数

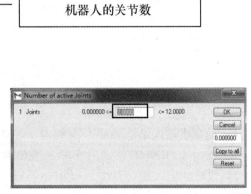

图 6-37 选择设置项目　　　　　　　　图 6-38 设置关节数

6）设置机器人1轴和2轴的运动方式，单击"1-Type&Direction"设置轴的旋转方式。设置第1轴的运动方式为沿Y轴方向运动，第2轴为沿Z轴方向运动，如图6-39和图6-40所示。

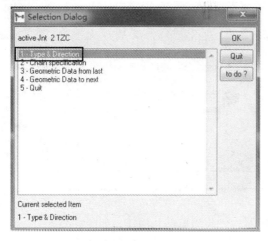
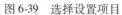

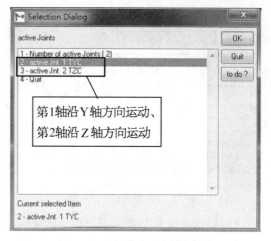

图 6-39　选择设置项目　　　　　　　　图 6-40　设置轴的旋转方式

2. 设置机器人各轴中心点的坐标位置

1）设置机器人第1轴中心点相对于底座中心点的位置偏移（X = 300，Y = 300，Z = 1800，Rx = 0，Ry = 0，Rz = 0），如图6-41和图6-42所示。

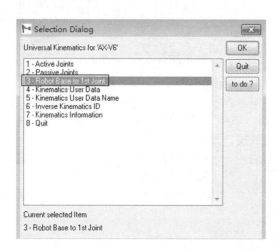

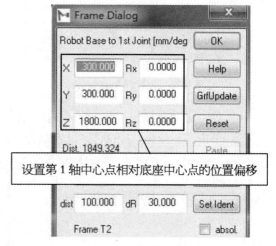

图 6-41　选择设置项目　　　　　　　　图 6-42　设置位置偏移 1

2）设置机器人第2轴中心点相对于第1轴中心点的位置偏移（X = 0，Y = 0，Z = 0，Rx = 0，Ry = 0，Rz = 0），如图6-43 ~ 图6-44所示。

3）设置机器人法兰盘中心点相对于第2轴中心点的位置偏移（X = 0，Y = 2900，Z = −1250，Rx = 0，Ry = 0，Rz = 0），如图6-45 ~ 图6-46所示。设置结束出现如图6-47所示效果。

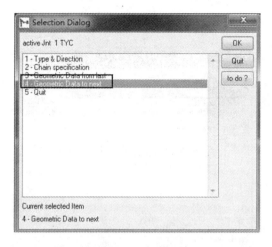

图 6-43　选择设置项目

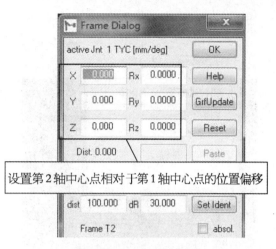

图 6-44　设置位置偏移 2

图 6-45　选择设置项目

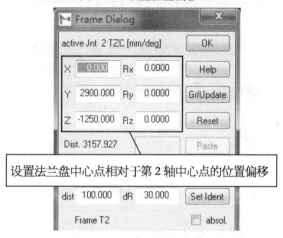

图 6-46　设置位置偏移 3

3. 运动学逆变换

1) 运动学逆变换，操作方法见本项目任务一。逆变换后的效果如图 6-48 所示。

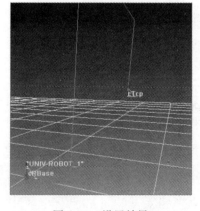

图 6-47　设置效果

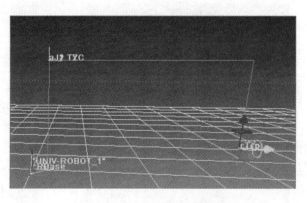

图 6-48　逆变换的效果

2) 修改 TCP 的值，如图 6-49 ~ 图 6-52 所示。

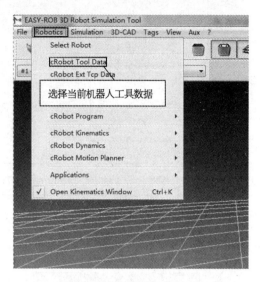

图 6-49　修改 TCP 的值 1

图 6-50　修改 TCP 的值 2

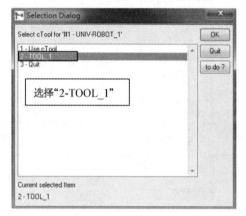

图 6-51　修改 TCP 的值 3

图 6-52　设置 TCP 坐标值

4. 加载机器人 Body 并粘连到对应轴

1）加载 BASE 机器人 Body，如图 6-53 ~ 图 6-55 所示。

图 6-53　单击【Create Import】

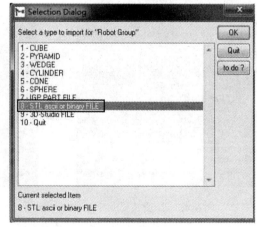

图 6-54　选择"8-STL ascii or binary FILE"

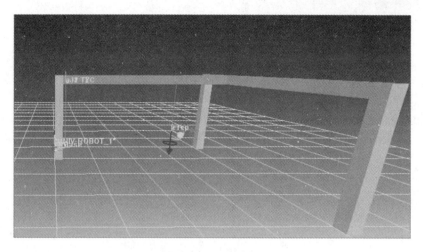

图 6-55　加载效果

依次修改 BASE2、BASE3、BASE4、BASE5 的偏移位置，其偏移量均为（X = -500，Y = 0，Z = 0，Rx = 0，Ry = 0，Rz = 0），如图 6-56 所示。

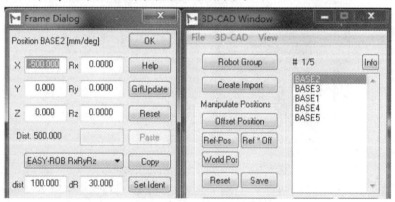

图 6-56　修改偏移位置

移动后的效果如图 6-57 所示。

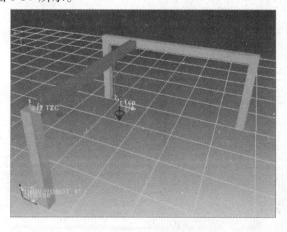

图 6-57　移动后的效果

2）导入第 1 轴的机器人 Body，如图 6-58 所示。

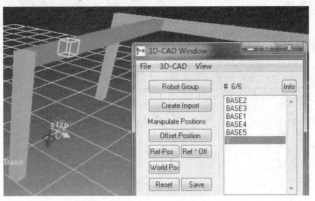

图 6-58　导入第 1 轴的机器人 Body

3）导入第 2 轴的机器人 Body，如图 6-59 所示。

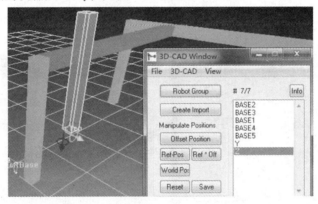

图 6-59　导入第 2 轴的机器人 Body

4）把机器人 Body 粘连到机器人的轴上，使之可以与机器人的轴一起运动。注意，基座 BASE 不属于关节轴部件，无须粘连到任何关节轴上。

①将第 1 轴的机器人 Body 粘连到第 1 轴上，如图 6-60 所示。

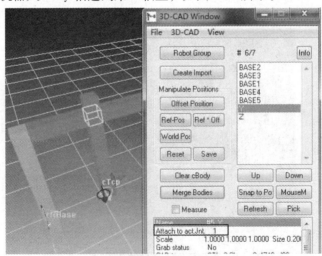

图 6-60　将第 1 轴的机器人 Body 粘连至第 1 轴

②将第 2 轴的机器人 Body 粘连到第 2 轴上，如图 6-61 所示。

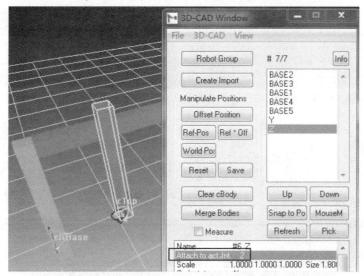

图 6-61　将第 2 轴机器人的 Body 粘连至第 2 轴

5. 设置机器人属性

设置机器人属性的方法参见本项目任务一。

6. 保存机器人文件并命名

保存创建好的机器人文件，同时对机器人文件进行命名。

二、机器人工作单元离线编程

下面将完成简单的物料搬运任务，编程实现将工件从 T2 位置搬运到 T4 位置。

1）加载创建好的机器人文件。机器人创建时最终保存的状态作为初始状态被加载进来，加载后的界面如图 6-62 所示。

2）加载吸盘工具。根据情况调整工具的尺寸并修改 TCP 坐标，如图 6-63 所示。

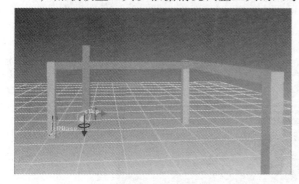

图 6-62　加载后的界面

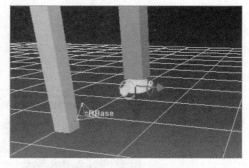

图 6-63　加载吸盘工具

3）创建工件。

4）示教目标点（见图 6-64）。

5）编写程序。

PTP T_1

PTP T_2

ERC GRAB BODY_GRP

PTP T_1

PTP T_3

PTP T_4

ERC RELEASE BODY_GRP

PTP T_3

6）调试运行

①保存程序。

②加载程序。

③保存工作单元（CELL），如图 6-65 所示。

④生成 3D-PDF 文档。

⑤生成 AVI 视频文件。

图 6-64　示教目标点

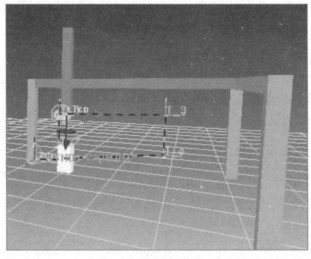

图 6-65　保存工作单元

拓展训练

完成带主动轴与被动轴的二轴机器人文件的创建。其由两个沿 X 方向运动的主动轴和三个被动轴组成，通过组合实现机器人在 X、Z 轴方向的运动。效果如图 6-66 所示。

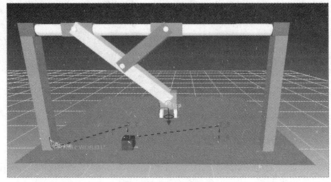

图 6-66　完成效果

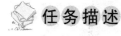

任务评价

根据学习情况，对照表6-2完成本任务的学习评价。

表6-2　二轴机器人文件的创建与编程学习评价表

	评价项目	评价标准	评价结果
自我评价	创建二轴机器人文件	A. 会	
		B. 不会	
	用自己创建的二轴机器人构建工作单元	A. 会	
		B. 不会	
	应用基本指令编程	A. 独立编写	
		B. 借鉴参考	
		C. 不会	
	二轴机器人工作单元的调试运行	A. 能独立找到错误并解决问题	
		B. 在别人的帮助下解决问题	
		C. 不会	
教师评价	二轴机器人文件的创建及简单工作单元离线编程	A. 成功	
		B. 实现部分功能	
		C. 未完成	

任务三　三轴机器人文件的创建与编程

学习目标

☆ 学会三轴机器人文件的创建方法。
☆ 学会用自己创建的三轴机器人构建工作单元。
☆ 学会目标点的示教与编程。
☆ 学会三轴机器人工作单元的调试运行。

任务描述

本任务将完成三轴直角坐标机器人文件的创建及对应工作单元的离线编程。

建议学时

4学时。

知识准备

直角坐标机器人是指能够实现自动控制的、可重复编程的、运动自由度仅包含三维空间正交平移的自动化设备。其组成部分包含直线运动轴，运动轴的驱动系统、控制系统，终端设备。直角坐标机器人可在多领域进行应用，有超大行程、组合能力强等优点。

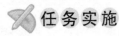任务实施

一、机器人运动学正解

1. 设置机器人的关节数及运动方式

1）创建新的 1~12 轴机器人。

2）根据需要设定机器人的关节数为 3，如图 6-67 所示。

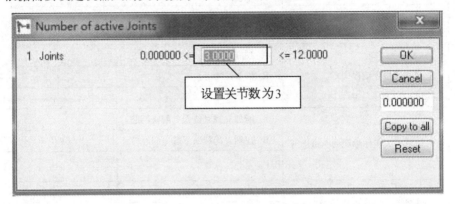

图 6-67　设定机器人的关节数

3）根据机器人的实际运动方式设定机器人各关节的运动方式，如图 6-68 所示。

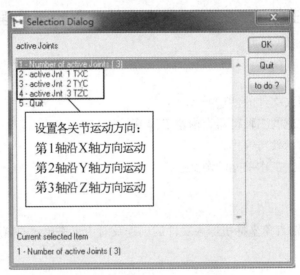

图 6-68　设定机器人各关节的运动方式

2. 设置机器人各轴中心点的坐标位置

1）设置机器人第 1 轴中心点相对于底座中心点的位置偏移（X = 300，Y = 300，Z = 1800，Rx = 0，Ry = 0，Rz = 0），如图 6-69 所示。

2）修改 TCP 的值，如图 6-70 所示。

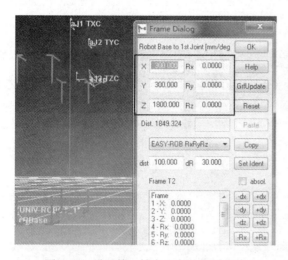

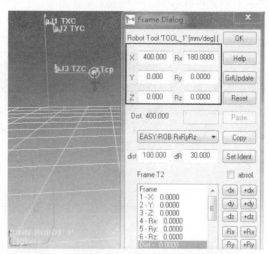

图 6-69　设置第 1 轴中心点的位置偏移

图 6-70　设置坐标

3. 创建机器人 Body，并粘连到对应轴

1）加载 BASE 机器人 Body，如图 6-71 所示。

2）导入第 1 轴（X 轴）的机器人 Body，如图 6-72 所示。

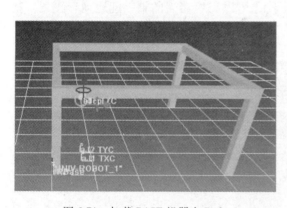

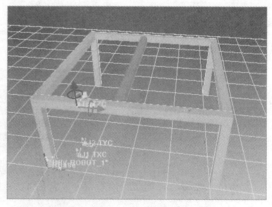

图 6-71　加载 BASE 机器人 Body

图 6-72　导入第 1 轴的机器人 Body

3）导入第 2 轴（Y 轴）的机器人 Body，如图 6-73 所示。

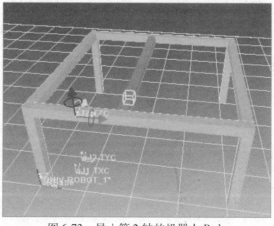

图 6-73　导入第 2 轴的机器人 Body

4）导入第 3 轴（Z 轴）的机器人 Body，如图 6-74 所示。

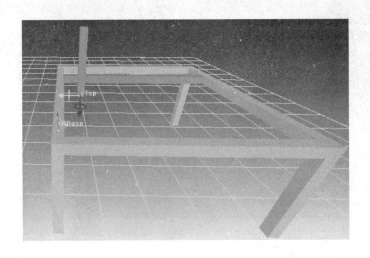

图 6-74　导入第 3 轴的机器人 Body

5）把机器人 Body 粘连到机器人的轴上，使之可以与机器人的轴一起运动。注意，基座 BASE 不属于关节轴部件，无须粘连在任意关节轴上，如图 6-75 所示。

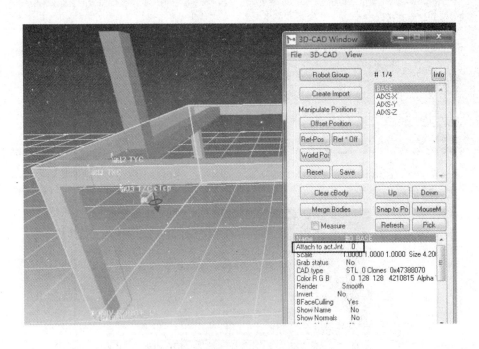

图 6-75　对基座的处理

①将第 1 轴的机器人 Body 粘连到第 1 轴上，如图 6-76 所示。

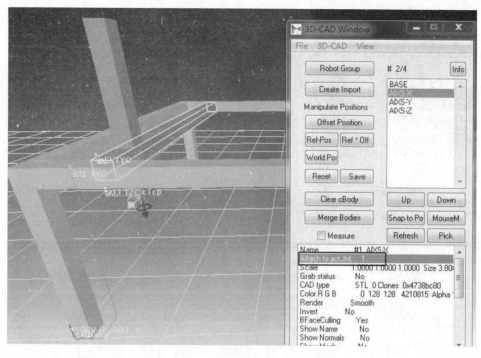

图 6-76　对第 1 轴机器人 Body 的处理

②将第 2 轴的机器人 Body 粘连到第 2 轴上，如图 6-77 所示。

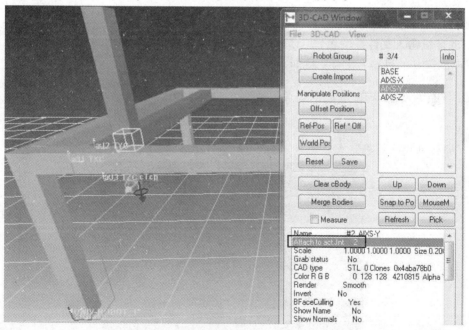

图 6-77　对第 2 轴机器人 Body 的处理

③将第 3 轴的机器人 Body 粘连到第 3 轴上，如图 6-78 所示。

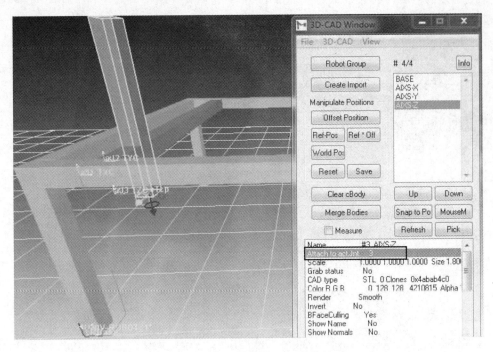

图 6-78　对第 3 轴机器人 Body 的处理

4. 设置机器人属性

设置机器人属性的操作参见本项目任务一。

5. 运动学逆变换

见本项目任务一。

6. 保存机器人文件并命名

保存创建好的机器人文件，同时对机器人文件进行命名。

二、机器人工作单元离线编程

下面将完成简单的物料搬运任务，编程实现将工件从 T2 位置搬运到 T4、T6 位置。

1）加载创建好的机器人文件，如图 6-79 所示。

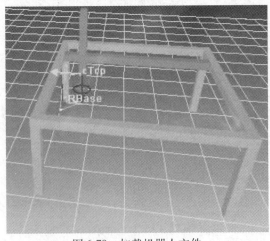

图 6-79　加载机器人文件

Listing:
Home HOME_1
PTP T_1
LIN T_2
ERC GRAB BODY PRT1
LIN T_1
PTP T_3
LIN T_4
ERC RELEASE BODY PRT1
Home HOME_1
PTP T_3
LIN T_4
ERC GRAB BODY PRT1
LIN T_3
PTP T_5
LIN T_6
ERC RELEASE BODY PRT1
LIN T_5
Home HOME_1

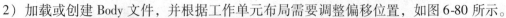
2）加载或创建 Body 文件，并根据工作单元布局需要调整偏移位置，如图 6-80 所示。

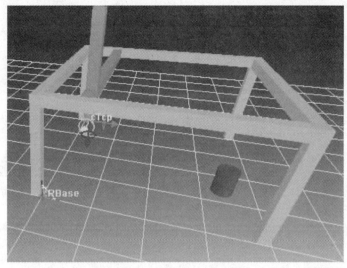

图 6-80 加载 Body 文件

3）目标点示教，操作方法如前文所述。

4）编写程序。

```
Home HOME_1
PTP T_1
LIN T_2
ERC GRAB BODY PRT1
LIN T_1
PTP T_3
LIN T_4
ERC RELEASE BODY PRT1
Home HOME_1
PTP T_3
LIN T_4
ERC GRAB BODY PRT1
LIN T_3
PTP T_5
LIN T_6
ERC RELEASE BODY PRT1
LIN T_5
Home HOME_1
```

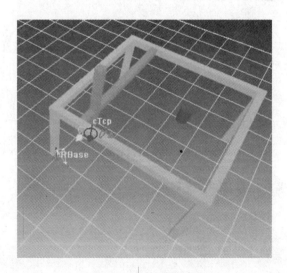

图 6-81 程序运行效果

5）调试运行，效果如图 6-81 所示。

6）后置处理。

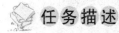 **任务评价**

根据学习情况，对照表6-3完成本任务的学习评价。

表6-3　三轴机器人文件的创建与编程学习评价表

	评价项目	评价标准	评价结果
自我评价	创建三轴机器人文件	A. 会	
		B. 不会	
	用自己创建的三轴机器人构建工作单元	A. 会	
		B. 不会	
	应用基本指令编程	A. 独立编写	
		B. 借鉴参考	
		C. 不会	
	三轴机器人工作单元的调试运行	A. 能独立找到错误并解决问题	
		B. 在别人的帮助下解决问题	
		C. 不会	
教师评价	三轴机器人文件的创建及简单工作单元离线编程	A. 成功	
		B. 实现部分功能	
		C. 未完成	

任务四　四轴机器人文件的创建与编程

学习目标

☆ 学会四轴机器人文件的创建方法。
☆ 学会用自己创建的四轴机器人构建工作单元。
☆ 学会目标点的示教及编程。
☆ 学会四轴机器人工作单元的调试运行。

任务描述

本任务将完成四轴SCARA机器人文件的创建及对应工作单元的离线编程。

建议学时

4学时。

知识准备

一、机器人运动学模型

根据实际需要设定机器人的自由度，提前规划好机器人四个轴的关节运动范围、关节运动旋转方向、关节运动速度、加速度等参数；规划好机器人基座中心点到第1轴的位置偏移，第1轴到第2轴的位置偏移，依此类推，直到第4轴到TCP的位置偏移。四轴机器人各轴的运动方式如图6-82所示，各轴参数见表6-4。

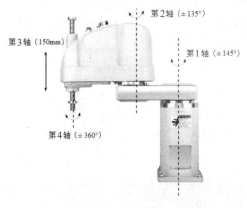

图 6-82 四轴机器人各轴的运动方式

表 6-4 机器人各轴参数

轴数	运动范围	运动速度
1	$-145° \sim +145°$	$350°/s$
2	$-135° \sim +135°$	$700°/s$
3	$0 \sim 150mm$	$1000mm/s$
4	$-360° \sim +360°$	$1400°/s$

二、机器人 CAD 模型

利用三维建模工具，依据机器人运动学模型创建机器人底座及各轴连杆的三维 CAD 模型，为后续粘连到机器人各轴做好准备，如图 6-83 所示。

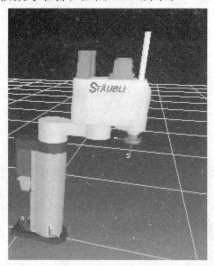

图 6-83 创建底座及各轴连杆

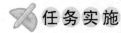 任务实施

一、机器人运动学正解

1. 设置机器人的关节数及运动方式

1）创建新的 1 ~ 12 轴机器人。

2）根据需要设定机器人的关节数为 4，如图 6-84 所示。

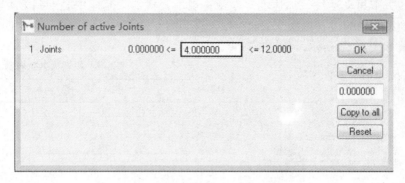

图 6-84 设置机器人的关节数

3) 根据机器人的实际运动方式设定机器人各关节的运动方式，如图 6-85 所示。

2. 设置机器人各轴中心点的坐标位置

1) 设置机器人第 1 轴中心点相对于底座中心点的位置偏移 (X = 0，Y = 0，Z = 584，Rx = 0，Ry = 0，Rz = 0)，如图 6-86 所示。

2) 设置机器人第 2 轴中心点相对于第 1 轴中心点的位置偏移 (X = 230，Y = 0，Z = 108，Rx = 0，Ry = 0，Rz = 0)，如图 6-87 所示。

3) 设置机器人第 3 轴中心点相对于第 2 轴中心点的位置偏移 (X = 170，Y = 0，Z = 0，Rx = 0，Ry = 0，Rz = 0)，如图 6-88 所示。

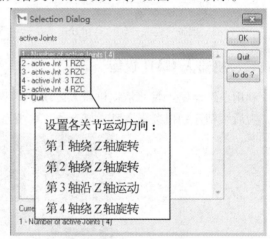

图 6-85 设置机器人关节的运动方式

图 6-86 设置第 1 轴中心点的位置偏移

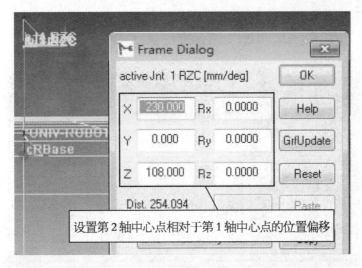

图6-87　设置第2轴中心点的位置偏移

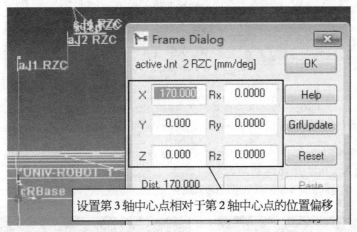

图6-88　设置第3轴中心点的位置偏移

4）设置机器人第4轴中心点相对于第3轴中心点的位置偏移（X＝0，Y＝0，Z＝0，Rx＝0，Ry＝0，Rz＝0），如图6-89所示。

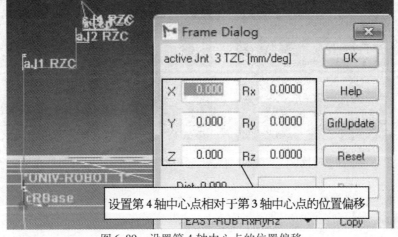

图6-89　设置第4轴中心点的位置偏移

5）设置机器人法兰盘中心点相对于第 4 轴中心点的位置偏移（X = 0，Y = 0，Z = −72.5，Rx = 0，Ry = 180，Rz = 0），如图 6-90 所示。

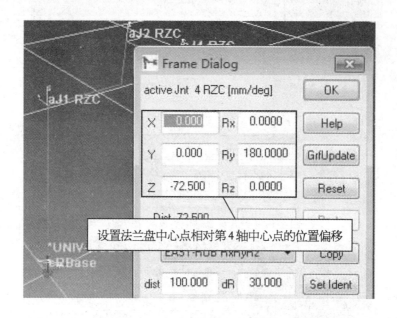

图 6-90　设置法兰盘中心点的位置偏移

6）运动学逆变换，逆变换后的效果如图 6-91 所示。

3. 创建机器人 Body 并粘连到对应轴

1）加载 BASE 机器人 Body，如图 6-92 所示。

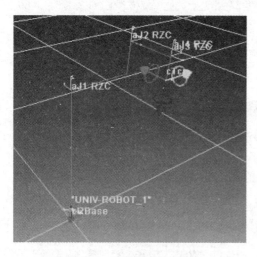
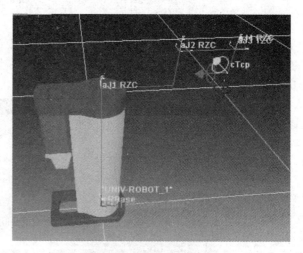

图 6-91　逆变换后的效果　　　　　图 6-92　创建机器人 Body

2）导入第 1 轴的机器人 Body，如图 6-93 所示。

3）导入第 2 轴的机器人 Body，如图 6-94 所示。

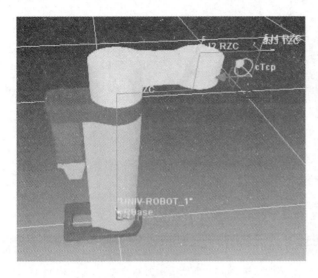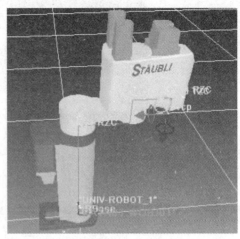

图 6-93　导入第 1 轴的机器人 Body　　　　　图 6-94　导入第 2 轴的机器人 Body

4）导入第 3 轴的机器人 Body，如图 6-95 所示。

5）导入第 4 轴的机器人 Body，如图 6-96 所示。

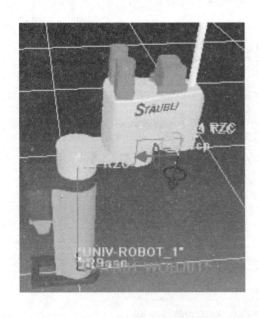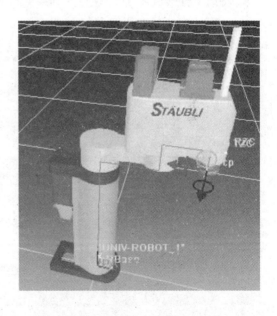

图 6-95　导入第 3 轴的机器人 Body　　　　　图 6-96　导入第 4 轴的机器人 Body

6）把机器人 Body 粘连到机器人的轴上，使之可以与机器人的轴一起运动。基座 BASE 不属于关节轴部件，无须粘连在任意关节轴上，如图 6-97 所示。

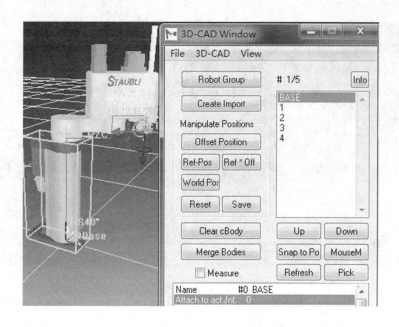

图 6-97　基座 BASE 的处理

①将第 1 轴的机器人 Body 粘连到第 1 轴上，如图 6-98 所示。

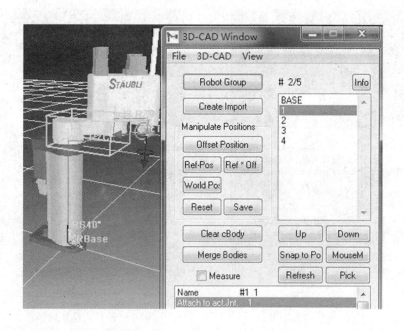

图 6-98　对第 1 轴机器人 Body 的处理

②将第 2 轴的机器人 Body 粘连到第 2 轴上，如图 6-99 所示。

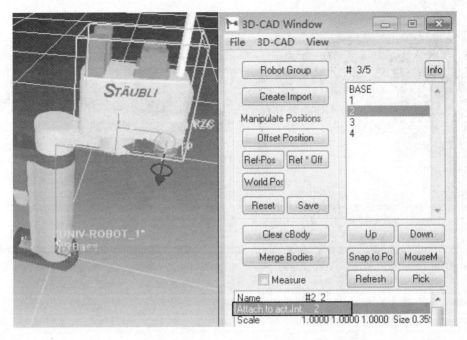

图 6-99　对第 2 轴机器人 Body 的处理

③将第 3 轴的机器人 Body 粘连到第 3 轴上，如图 6-100 所示。

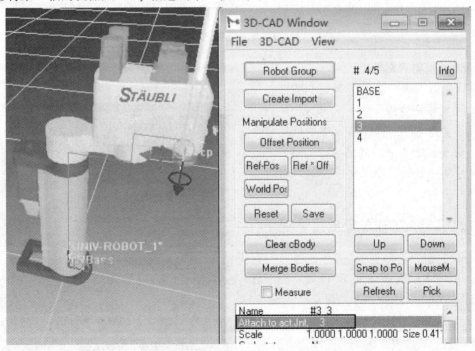

图 6-100　对第 3 轴机器人 Body 的处理

④将第 4 轴的机器人 Body 粘连到第 4 轴上，如图 6-101 所示。

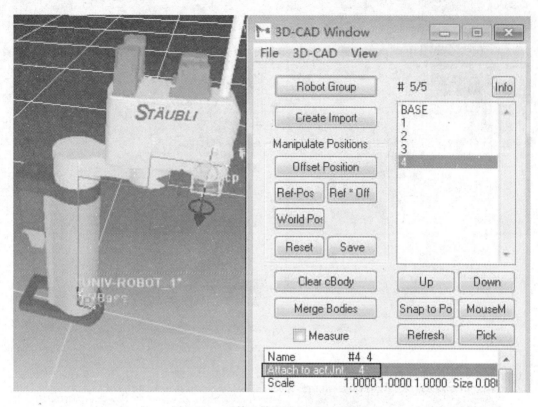

图 6-101　对第 4 轴机器人 Body 的处理

4. 设置机器人属性

设置机器人属性的操作参见本项目任务一。

5. 运动学逆变换

运动学逆变换的操作参见本项目任务一。

6. 保存机器人文件并命名。

保存创建好的机器人文件，同时对机器人文件进行命名。

二、机器人工作单元离线编程

下面将完成简单的物料搬运任务，编程实现将工件从 T1 位置搬运到 T2 位置。完成后的效果如图 6-102 所示。

1）加载自行创建的四轴机器人文件，加载后的效果如图 6-103 所示。

2）加载或创建 Body 文件，并根据工作单元布局需要调整偏移位置，如图 6-104 和图 6-105 所示。

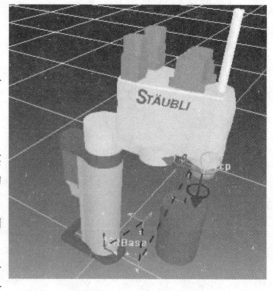

图 6-102　搬运工件的效果

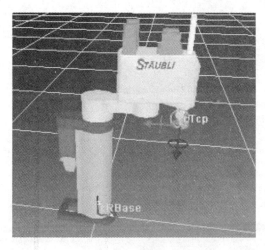

图 6-103　加载后效果

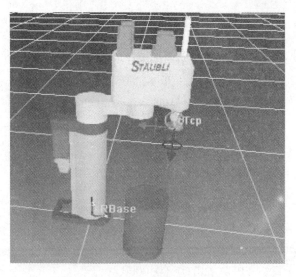

图 6-104　加载或创建 Body 文件

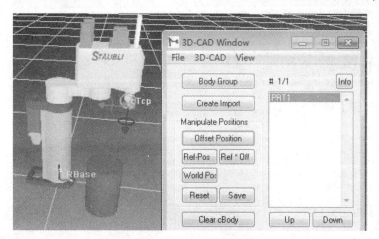

图 6-105　调整偏移位置

3）目标点示教，完成后的效果如图 6-106 所示。

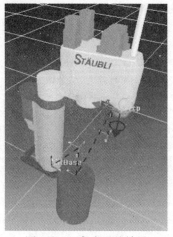

图 6-106　完成后的效果

4）编写程序。

```
ProgramFile
! cRobot '4AIXROBOT'
! Below section is called once at t = 0
! Add Initialization commands here
!
EndInit
!
! Below section is called at t > 0
! Add new ERPL/ERCL commands here
!
SPEED_PTP_OV 80. 0000
SPEED_CP_OV 80. 0000
SPEED_ORI_OV 80. 0000
ACCEL_PTP_OV 100. 0000
ACCEL_CP_OV 100. 0000
ACCEL_ORI_OV 100. 0000
OV_PRO 100. 0000
ERC NO_DECEL OFF
ZONE 0. 0000
Home HOME_1
PTP T_1UP
LIN T_1
ERC GRAB BODY PRT1
LIN T_1UP
PTP T_2UP
LIN T_2
ERC RELEASE BODY PRT1
LIN T_2UP
Home HOME_1
!
!
call MyMoveFct( )
!
EndProgramFile
Fct MyMoveFct( )
!
EndFct
! END PRGFILE 970778256
```

5）调试运行。

6）后置处理。

 拓展训练

利用 3D 工具自行创建机器人 Body 文件，或者使用 SOLIDWORKS 软件创建 STL 文件，创建个性化四轴 SCARA 机器人，实现图 6-107 或图 6-108 所示效果。

图 6-107　实现效果 1

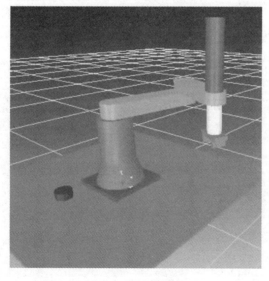

图 6-108　实现效果 2

 任务评价

根据学习情况，对照表 6-5 完成本任务的学习评价。

表 6-5　四轴机器人文件的创建与编程学习评价表

	评价项目	评价标准	评价结果
自我评价	创建四轴机器人文件	A. 会	
		B. 不会	

（续）

	评价项目	评价标准	评价结果
自我评价	用自己创建的四轴机器人构建工作单元	A. 会	
		B. 不会	
	应用基本指令编程	A. 独立编写	
		B. 借鉴参考	
		C. 不会	
	四轴机器人工作单元的调试运行	A. 能独立找到错误并解决问题	
		B. 在别人的帮助下解决问题	
		C. 不会	
教师评价	四轴机器人文件的创建及简单工作单元离线编程	A. 成功	
		B. 实现部分功能	
		C. 未完成	

任务五　六轴机器人文件的创建与编程

学习目标

☆ 学会六轴机器人文件的创建方法。

☆ 学会用自己创建的六轴机器人创建工作单元。

☆ 学会目标点的示教及编程。

☆ 学会六轴机器人工作单元的调试运行。

任务描述

本任务将利用机器人运动学完成通用六轴工业机器人文件的创建，并搭建好机器人搬运工作单元，完成工作单元的编程与调试。

建议学时

4 学时。

知识准备

本任务将基于 EASY-ROB 平台从运动学正解和逆解两方面详细介绍通用六轴工业机器人的搭建方法，并利用搭建的机器人去创建应用工作单元。

一、机器人运动学模型

根据实际需要设定机器人的自由度，提前规划好机器人六个轴的关节运动范围、关节运动旋转方向、关节运动速度、加速度等参数；规划好机器人基座中心点到第 1 轴的位置偏移，第 1 轴到第 2 轴的位置偏移，依此类推，直到第 6 轴到 TCP 的位置偏移。六轴机器人各轴的旋转方式如图 6-109 所示，各轴参数见表 6-6。

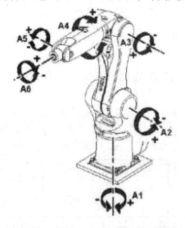

图 6-109　六轴机器人各轴的旋转方式

表 6-6　机器人各轴参数

轴数	运动范围	额定有效载荷速度/[(°)/s]
1	$-170° \sim +170°$	360
2	$-190° \sim +45°$	300
3	$-120° \sim +156°$	360
4	$-185° \sim +185°$	381
5	$-120° \sim +120°$	388
6	$-350° \sim +350°$	615

二、机器人 CAD 模型

利用三维建模工具，依据机器人运动学模型创建机器人底座及各轴连杆的三维 CAD 模型，为后续粘连到机器人各轴做好准备。机器人 CAD 模型如图 6-110 所示。

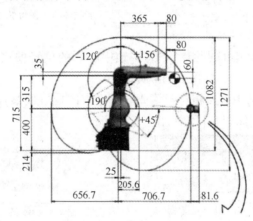

图 6-110　机器人 CAD 模型

🔧 **任务实施**

一、机器人运动学正解

1. 设置机器人的关节数及运动方式

创建新的 1~12 轴机器人，根据需要设定机器人的关节数（6）和各关节的运动方向。

操作步骤如下：

1）单击 ^{ROBOT}BASE 弹出运动学窗口，如图 6-111 所示。

2）单击创建按钮【Create】，选择创建新的 1~12 轴机器人。

图 6-111　运动学窗口

3）单击运动学按钮【Kinematics】，弹出机器人运动学属性窗口。单击"1-Active Joints"，设置机器人的关节数为6。

4）设置机器人1~6轴的运动方式，如图6-112所示。

2. 设置机器人各轴中心点的坐标位置

1）设置机器人第1轴中心点相对于底座中心点的位置偏移（X = 0，Y = 0，Z = 174，Rx = 0，Ry = 0，Rz = 0），如图6-113所示。

图6-112 各轴运动方式

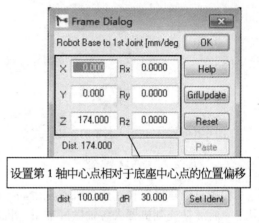

图6-113 设置第1轴中心点的位置偏移

2）设置机器人第2轴中心点相对于第1轴中心点的位置偏移（X = 160，Y = 0，Z = 256，Rx = 0，Ry = 0，Rz = 0），如图6-114所示。

3）设置机器人第3轴中心点相对于第2轴中心点的位置偏移（X = 0，Y = 0，Z = 580，Rx = 0，Ry = 0，Rz = 0），如图6-115所示。

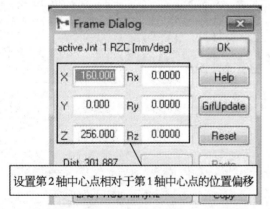

图6-114 设置第2轴中心点的位置偏移

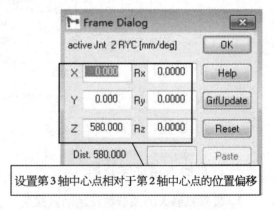

图6-115 设置第3轴中心点的位置偏移

4）设置机器人第4轴中心点相对于第3轴中心点的位置偏移（X = 140，Y = 0，Z = 125，Rx = 0，Ry = 0，Rz = 0），如图6-116所示。

5）设置机器人第5轴中心点相对于第4轴中心点的位置偏移（X = 510，Y = 0，Z = 0，Rx = 0，Ry = 0，Rz = 0），如图6-117所示。

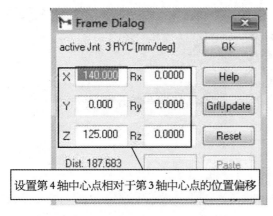

图 6-116　设置第 4 轴中心点的位置偏移

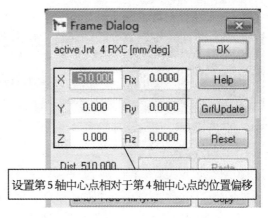

图 6-117　设置第 5 轴中心点的位置偏移

6）设置机器人第 6 轴中心点相对于第 5 轴中心点的位置偏移（X = 0，Y = 0，Z = 0，Rx = 0，Ry = 0，Rz = 0），如图 6-118 所示。

7）设置机器人法兰盘中心点相对于第 6 轴中心点的位置偏移（X = 100，Y = 0，Z = 0，Rx = 0，Ry = 90，Rz = 0），如图 6-119 所示。

图 6-118　设置第 6 轴中心点的位置偏移

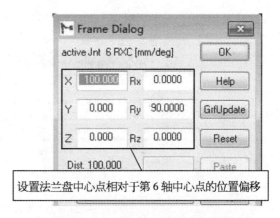

图 6-119　设置法兰盘中心点的位置偏移

二、机器人运动学逆变换

建立好机器人各轴偏移数据后的效果如图 6-120 所示。

1. 创建机器人 Body 并粘连到对应轴

1）导入机器人基座文件。打开【3D-CAD Window】，如图 6-121 所示，单击【Create Import】按钮后选择导入 STL 文件，如图 6-122 所示。

2）选取事先设计保存好的基座 STL 文件，选择缩放比例，如图 6-123 所示。同时更改名称，如图 6-124 所示。

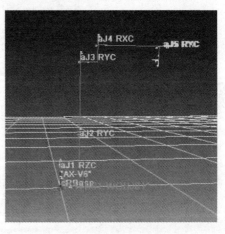

图 6-120　设置偏移数据后的效果

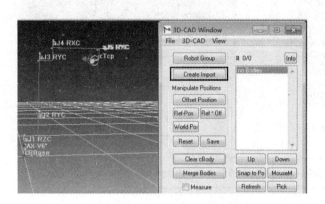

图 6-121　打开【3D-CAD Window】

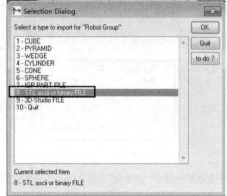

图 6-122　选择导入 STL 文件

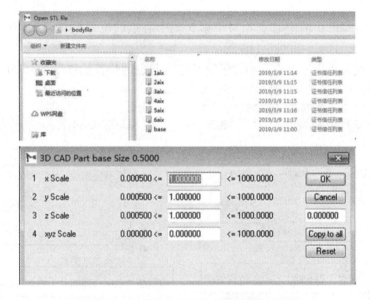

图 6-123　选择基座 STL 文件及其缩放比例

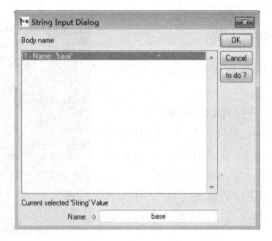

图 6-124　更改名称

加载基座 STL 文件后的界面如图 6-125 所示。

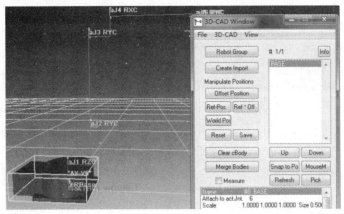

图 6-125　加载基座 STL 文件后的界面

3）把机器人 Body 粘连到机器人坐标轴上。由于机器人的基座不需要随机器人的轴旋转，因而不需要粘连到机器人的任何轴上，故选择机器人的关节数为 0，如图 6-126 ~ 图 6-129 所示。

图 6-126　设置基座关节数

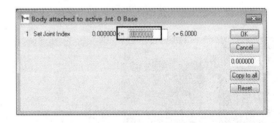

图 6-127　设置关节数为 0

图 6-128　选择"1-CUBE"

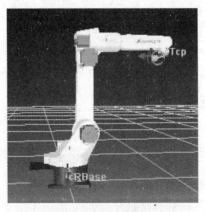

图 6-129　完成效果

4）依照上述方法，依次导入 1 ~ 6 轴的机器人 Body 文件，并粘连到相对应的机器人关节轴上，如图 6-130 ~ 图 6-135 所示。

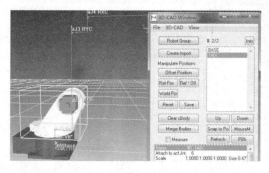

图 6-130　导入第 1 轴的机器人 Body

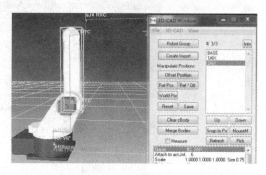

图 6-131　导入第 2 轴的机器人 Body

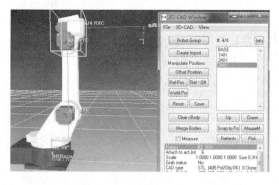

图 6-132　导入第 3 轴的机器人 Body

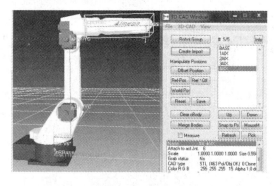

图 6-133　导入第 4 轴的机器人 Body

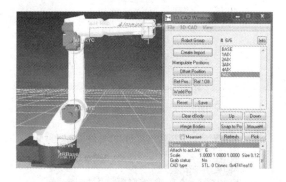

图 6-134　导入第 5 轴的机器人 Body

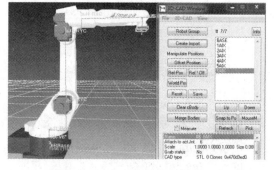

图 6-135　导入第 6 轴的机器人 Body

2. 设置机器人属性

设置机器人属性的操作参见本项目任务一。

三、机器人工作单元离线编程

（1）加载机器人文件　机器人文件选择自行创建的六轴机器人。

（2）加载工具文件　工具文件定义了 TCP 的位置和旋转角度等信息，加载后会自动将 TCP 的位置移动到工具的末端中心点。如果需要修改，可以在工作单元中重新设置 TCP 的位姿。

（3）加载或创建 Body 文件

（4）目标点示教和编程

Home HOME_1　　　! 机器人回原点；

PTP T_1UP　　　　! 关节运动到焊接起始点 T_1 上方的过渡点；

LIN T_1　　　　　! 直线运动到目标点 T_1；

LIN T_2　　　　　! 直线运动到目标点 T_2；

LIN T_3　　　　　! 直线运动到目标点 T_3；

LIN T_4　　　　　! 直线运动到目标点 T_4；

LIN T_1　　　　　! 直线运动到目标点 T_1；

LIN T_1UP　　　　! 直线运动到目标点 T_1 上方的过渡点；

Home HOME_1　　　! 机器人回原点。

（5）调试运行

1）保存程序。

2）加载程序。

3）保存工作单元（CELL）。

4）生成 3D-PDF 文档。

5）生成 AVI 视频文件。

拓展训练

机器人 Body 文件的导出和保存方法如下：

1）单击【3D-CAD】，选择【Open 3D-CAD Window】，或者直接双击 图标，弹出【3D-CAD Window】，如图 6-136 所示。

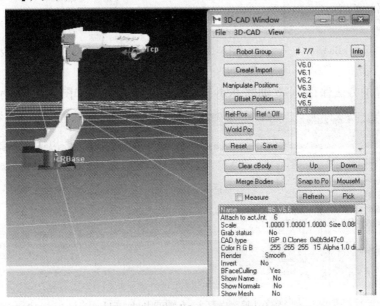

图 6-136　打开【3D-CAD Window】

2）单击【File】/【Save】/【Export】，选择文件的保存格式，如 STL、IGP 等，如图 6-137 和图 6-138 所示。

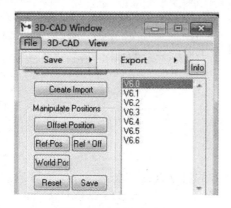

图 6-137　保存方法 1

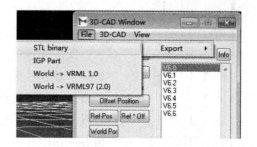

图 6-138　保存方法 2

3）选择保存二进制文件的内容。选择【cBody】，然后命名为"base"，并保存到指定文件夹中，如图 6-139 ~ 图 6-141 所示。

图 6-139　选择 cBody

图 6-140　选择结果

图 6-141　改名后保存

4）用同样的方法保存 1 ~ 6 轴的 Body 文件到指定文件夹，如图 6-142 所示。

图 6-142　保存 1 ~ 6 轴的 Body 文件

任务评价

根据学习情况，对照表6-7完成本任务的学习评价。

表6-7　六轴机器人文件的创建与编程学习评价表

	评价项目	评价标准	评价结果
自我评价	创建六轴机器人文件	A. 会	
		B. 不会	
	用自己创建的六轴机器人构建工作单元	A. 会	
		B. 不会	
	应用基本指令编程	A. 独立编写	
		B. 借鉴参考	
		C. 不会	
	六轴机器人工作单元的调试运行	A. 能独立找到错误并解决问题	
		B. 在别人的帮助下解决问题	
		C. 不会	
教师评价	六轴机器人文件的创建及简单工作单元离线编程	A. 成功	
		B. 实现部分功能	
		C. 未完成	

职业能力评价表

机器人文件的创建与编程学习过程评价表

班级：　　　　　　　组别：　　　　　　　姓名：

项　目	评　价　内　容	每次课评价	活动总评
职业素养评价项目（老师与观察员评价）	不迟到、不早退、仪容仪表、工作服 评价方法：全部合格为A，一个不合格为B，两个不合格为C，三个不合格为D		
	资讯（获取有效的信息）：网络、书籍、产品资料、老师、同学、相关规范及标准、其他 评价方法：两种渠道以上的为A，两种渠道的为B，一种渠道的为C，无渠道的为D		
	团队合作意识：与同学合作交流，听取同学意见，表达自己的观念，协助制定工作计划，无独自一人发呆走神现象，无抵触或不参与情况，协调小组成员，参与小组讨论 评价方法：全部合格为A，一个不合格为B，两个不合格为C，三个及三个以上不合格为D		
	6S管理意识：学习区、施工区、资讯区 评价方法：全部合格为A，一个不合格为B，两个不合格为C，三个不合格为D		

（续）

项　　目	评 价 内 容	每次课评价	活动总评
职业能力 评价项目 （老师与组 长评价）	当次项目完成情况： 评价方法：根据项目完成情况、工艺、速度评价，成功为 A～B，完成大部分为 C，未动手为 D		
	任务1：		
	任务2：		
	任务3：		
	任务4：		
	任务5：		
	拓展训练1：		
	拓展训练2：		
	拓展训练4：		
	拓展训练5：		
加分项目	1. 课堂积极发言一次加 1 分 2. 上讲台总结发言一次加 2 分 3. 成功组织策划课间活动一次加 3 分		
加分及扣 分说明			
小组评语 及建议	我们做到了： 我们的不足： 我们的建议：	组长签名： 　年　月　日	
总评说明 及过程评价 记录	评价项目说明：评 A 最多的总评为 A＋，第二多的为 A，依此类推，分别为 A－、B＋、B、B－、C＋、C、C－（若无 A 就统计 B，无 B 统计 C，无 C 统计 D） 评价记录： （　）组：A（　）个；B（　）个；C（·　）个；D（　）个	评定等级 教师签名： 日期：	

附　　录

附录 A　EASY-ROB 指令集

EASY-ROB 软件提供了丰富的 ERPL 程序指令，方便用户编写程序，同时也为各种机器人应用提供了可能。附表 A-1 ~ 附表 A-4 按照 ERPL 指令的功能进行了分类说明，如需对指令的使用进行详细了解，可以查阅 EASY-ROB 相关文档。

附表 A-1　运 动 指 令

指　　令	说　　明
JUMP_TO	跳转指令，可以跳转到绝对关节数据位置、相对关节数据位置、目标点位置
PTP	关节插补指令，可以关节运动到绝对关节数据位置、相对关节数据位置、目标点位置
LIN	直线插补指令，直线运动到笛卡尔坐标位置、目标点位置
VIA	经过点指令，通常与 CIRC 指令配对使用
CIRC	圆弧插补指令，既可与 VIA 配对使用，也可单独使用，如 VIA T_3，CIRC T_2；CIRC T_2 T_3
MOVE	移动指令，可以移动到一个指令点，也可以移动经过多个目标点，如 MOVE T_1 T_5
ALONG	路径运行指令，沿着某一条指令路径运行，如 ALONG PATH1 T_1 T_15

附表 A-2　控 制 指 令

指　　令	说　　明
TOOL	工具配置指令，可以选择工具，配置工具数据
CONFIG	机器人配置，可以选择数字 1~8 来配置机器人，EASY-ROB 提供了 8 种配置方式
SPEED	速度设定，可以设定不同运动方式下的速度
ACCEL	加速度设定，可以设定不同运动方式下的加速度
Motion planner setting	运动规划设定，可进行区域设置、减速设置、优先权设置等
FCT X（） ENDFCT	子程序指令，X（）为子程序名称，中间可以编写子程序代码
CALL FCT	子程序调用指令
IF ELSE	条件跳转指令，条件满足时执行
GOTO LABEL	无条件跳转指令，跳转到目标位置
WHILE	循环指令，while true do……endwhile

附表 A-3　信号等待指令

指　　令	说　　明
SET	置位信号，WAIT_UNTIL_SIGNAL_SET my_signal
UNSET	复位信号，WAIT_UNTIL_SIGNAL_UNSET my_signal
Condition	等待条件满足，WAIT_FOR_CONDITION gt（100，0） WAIT_FOR_CONDITION my_signal = 1
WAIT	延时指令，WAIT 1.00（延时 1s）

附表 A-4　程序和控制命令

指　　令	说　　明
Enable/Disable	ON/OFF，编程时可以打开和调用库里的功能函数，如 Post process（后置处理）等
SET/UNSET CROBOT	在程序中选择设置、解除、清除当前机器人
LOAD	可以在编程窗口直接加载所需要的文件
VIEW	场景文件设置
PAUSE	暂停仿真，方便程序调试
UNIT	单位设置命令
RESET JNT POS	复位机器人关节到初始位置
SAVE JNTPOS	保存设置的机器人关节位置
RENDER WIRE/RENDER SMOOTH	渲染线条/平滑
SIM STEP	仿真步长设定
IPO STEP	插值步长设定
TIME	插值间隔时间设定
IPO LAG TIME	插值滞后时间设定
CNTRL STEP	控制器步长设定
SYSTEM STEP	系统步长设定
GRAB/RELEASE	抓取/放下命令
RENDER	渲染控制命令
TRANSPARENCY	透明度设定
COLOR	设置 Body 或 TCP 轨迹的颜色
COLLISION	碰撞检测设定

附录 B　工业机器人领域常用名词中英文对照表

序号	英　文	中　文	序号	英　文	中　文
1	Robot	机器人	20	Load Tool File	加载工具文件
2	IP54	机器人防护等级	21	Unload cRobot file	卸载当前机器人
3	FANCU	发那科	22	Kinematics Window	运动学窗口
4	KUKA	库卡	23	Dynamics Window	动力学窗口
5	Industrial Robot	工业机器人	24	Reference Position	参考位置
6	Service Robot	服务机器人	25	Offset Position	偏移位置
7	Welding Robot	焊接机器人	26	World Position	世界坐标位置
8	Assembly Robot	装配机器人	27	Relative Position	相对位置
9	Transfer Robot	搬运机器人	28	Toggle Collision	碰撞检测
10	Packaging Robot	包装机器人	29	Move to cTag	移动当前目标点
11	Military Robot	军用机器人	30	Move along cPath	沿着当前路径移动
12	Field Robot	场地机器人	31	Open Tag Window	打开标签窗口
13	Joint	机器人关节	32	Show World Coorsys	显示世界坐标系
14	PTP	关节插补	33	TCP（Tool Centre Point）	工具坐标点
15	LIN	直线插补	34	Message Window	信息窗口
16	CIRC	圆弧插补	35	Navigator Window	导航窗口
17	simulation	仿真	36	Active joint	主动轴
18	Tags	目标点	37	Passive joint	被动轴
19	Load cell file	加载工作单元文件	38	Post process	后置处理

参 考 文 献

[1] 叶晖. 工业机器人典型应用案例精析 [M]. 北京：机械工业出版社，2013.

[2] 叶晖，等. 工业机器人工程应用虚拟仿真教程 [M]. 北京：机械工业出版社，2018.

[3] 胡伟，等. 工业机器人行业应用实训教程 [M]. 北京：机械工业出版社，2019.